Faez Abdullah Esmail Mohammed

Modélisation de la distribution des métaux lourds dans les arganiers

Faez Abdullah Esmail Mohammed

Modélisation de la distribution des métaux lourds dans les arganiers

Modélisation de la distribution des métaux lourds dans l'huile d'argan et dans les différentes parties d'arganier

Presses Académiques Francophones

Impressum / Mentions légales
Bibliografische Information der Deutschen Nationalbibliothek: Die Deutsche
Nationalbibliothek verzeichnet diese Publikation in der Deutschen
Nationalbibliografie; detaillierte bibliografische Daten sind im Internet über
http://dnb.d-nb.de abrufbar.
Alle in diesem Buch genannten Marken und Produktnamen unterliegen
warenzeichen-, marken- oder patentrechtlichem Schutz bzw. sind
Warenzeichen oder eingetragene Warenzeichen der jeweiligen Inhaber. Die
Wiedergabe von Marken, Produktnamen, Gebrauchsnamen, Handelsnamen,
Warenbezeichnungen u.s.w. in diesem Werk berechtigt auch ohne besondere
Kennzeichnung nicht zu der Annahme, dass solche Namen im Sinne der
Warenzeichen- und Markenschutzgesetzgebung als frei zu betrachten wären
und daher von jedermann benutzt werden dürften.

Information bibliographique publiée par la Deutsche Nationalbibliothek: La
Deutsche Nationalbibliothek inscrit cette publication à la Deutsche
Nationalbibliografie; des données bibliographiques détaillées sont
disponibles sur internet à l'adresse http://dnb.d-nb.de.
Toutes marques et noms de produits mentionnés dans ce livre demeurent
sous la protection des marques, des marques déposées et des brevets, et sont
des marques ou des marques déposées de leurs détenteurs respectifs.
L'utilisation des marques, noms de produits, noms communs, noms
commerciaux, descriptions de produits, etc, même sans qu'ils soient
mentionnés de façon particulière dans ce livre ne signifie en aucune façon
que ces noms peuvent être utilisés sans restriction à l'égard de la législation
pour la protection des marques et des marques déposées et pourraient donc
être utilisés par quiconque.

Coverbild / Photo de couverture: www.ingimage.com

Verlag / Editeur:
Presses Académiques Francophones
ist ein Imprint der / est une marque déposée de
OmniScriptum GmbH & Co. KG
Heinrich-Böcking-Str. 6-8, 66121 Saarbrücken, Deutschland / Allemagne
Email: info@presses-academiques.com

Herstellung: siehe letzte Seite /
Impression: voir la dernière page
ISBN: 978-3-8381-4484-9

Zugl. / Agréé par: Rabat, Université Mohammed V, 2012

Avant propos

Ce travail a été effectué au sein du laboratoire Chimie Physique Générale : Matériaux, Nanomatériaux et Environnement à la faculté des sciences de Rabat, dirigé par Monsieur le professeur **A. BOUHAOUSS**.

Ce projet a été dirigé par le Professeur Mme **R. BCHITOU** de la Faculté des Sciences de Rabat, que je tiens à remercier et à lui exprimer ma profonde et sincère gratitude pour ses qualités de l'encadrement et ses conseils éclairés qu'elle m'a prodigué pour la réalisation et le développement de ce travail.

Sans omettre à présenter mes vifs remerciements à Mr **A. BOUHAOUSS**, pour l'accueil qu'il m'a préservé au sein du laboratoire et d'avoir accepté de présider le Jury de cette thèse.

Mes vifs remerciements vont également à Monsieur **N. NACHID** coordinateur du projet de gestion des aires protégés au Haut commissariat aux eaux et forêts et à la lutte contre la désertification de Rabat pour l'appui et l'aide qu'il m'a accordées.

Je remercie vivement Monsieur **M. Khaddor,** professeur d'enseignement supérieur à la Faculté des Sciences et Techniques de Tanger, d'avoir accepter d'examiner et de faire partie du jury de cette thèse.

Mes vifs remerciements s'adressent à Monsieur **P. Hesemann**, Directeur de Recherche CNRS, Université Montpellier II- France, autant que rapporteur de cette thèse et pour sa présence parmi les membres de Jury afin de juger le contenu de ce travail.

Je suis sensible à l'honneur que me fait Monsieur **M. Boulmane**, Responsable du laboratoire de pédologie de Centre de Recherche Forestière de Rabat (CRF), pour avoir accepté d'être parmi le jury et pour son encouragement lors de mon séjour au CRF.

Les analyses de ce mémoire ont été réalisé à l'Unité d'Appui Technique à la Recherche Scientifique de laboratoire d'analyse élémentaire ICP-AES, je tiens à remercier H. Ouaddari pour ses soutiens techniques.

Mes remerciements vont également aux enseignants-chercheurs et mes collègues du Laboratoire de Chimie Physique Générale, Matériaux, Nanomatériaux et Environnement de la Faculté des Sciences de Rabat, qui m'ont aidé directement ou indirectement à réaliser ce travail, en particulier Monsieur N. Zerki.

Dédicace

Je dédie ce travail

A

L'esprit de mes chers parents

A

Ma femme et ma fille

A

Mes frères et mes sœurs

A

Tous les membres de ma famille

A

Tous mes amis

A

Tous ceux qui me sont chers

RESUME

Titre : Modélisation de la répartition du transfert des métaux lourds et des oligoéléments dans les sols forestiers, l'huile d'argan et dans les différentes parties d'arganier.

PRENOM ET NOM : Faez Mohammed
SPECIALITE : Matériaux et Nanomatériaux et l'Environnement

Dans le présent travail, nous avons étudié en premier temps l'effet de phosphore et des métaux lourds (Cr, Cd) à différentes concentrations sur la croissance de l'arganier. La croissance de l'axe de la tige des arganiers ont montré des différences significatives pour les différentes concentrations de phosphore, du chrome et du cadmium. Les concentrations élevées du H_3PO_4 ont pour conséquence de la croissance accélérée de la taille de tige des arbres, alors que les concentrations élevées de chrome et de cadmium ont pour conséquence de la croissance ralentie de la taille de tige et même la limitation de la croissance.

En deuxième temps, une étude du suivi du comportement physico-chimique de certains métaux lourds et oligoéléments dans l'arganier a été réalisée. Les échantillons d'arganier ont été récoltés des petits arbres, à raison de trois échantillons (sol, bois, feuilles) par arbre. La teneur des différents métaux lourds et oligoéléments dans les parties aériennes feuilles, bois) et dans le sol a été déterminé par la méthode ICP-AES. Les résultats d'analyse des données concernant les variables chimiques ont été déterminés sur plusieurs arbres et à différentes dates. Globalement les dates des mesures n'influent pas sur la dispersion des données. L'apport de la chimiométrie nous a permis l'interprétation des résultats obtenus surtout ceux qui sont liés à la caractérisation des métaux lourds et oligoéléments pour obtenir une estimation globale de la teneur optimale cherchée et de suivre l'évolution au cours des procédés de traitement.

Enfin, l'étude de l'influence de variabilités spatio-temporelle sur les teneurs en éléments diététiques dans l'huile d'argan extraite des échantillons des quatre régions qui sont, Essaouira, Ait Baha, Taroudant et Agadir à différente date (2009, 2010, 2011) a montré que la période et la région de la récolte n'influent pas sur la teneur en éléments diététiques dans l'huile d'argan

Mot clé: Arganier, Transfert des métaux lourds, Oligoéléments, Analyse en composantes principales (ACP), ICP-AES.

PUBLICATIONS

1- Effects of phosphoric acid, cadmium and chromium on the growth of argan trees.

Faez Mohammed, Rahma Bchitou, Naim Nachid, Ahmed Bouhaouss

- *Physical and Chemical News. 2011, volume 57, 128-134.*

2- Modeling and optimization of relocation of some heavy metals and micro-nutrients in the Argan Trees.

Faez Mohammed, Rahma Bchitou, Jean Michel Roger, Ahmed Bouhaouss, Bernard Palagos

- *Journal of chemistry and chemical engineering. 2011, volume 5, 7, 663-669.*

3- Can the dietary element content of virgin argan oils really be used for adulteration detection?

Faez Mohammed, Rahma Bchitou , Ahmed Bouhaouss , Saïd Gharby , Hicham Harhar, Dominique Guillaume, Zoubida Charrouf

- *Food Chemistry. 2013, volume 136, 105-108.*

4- Modeling of the distribution of heavy metals and trace elements in argan forest soil and parts of argan tree.

Faez Mohammed, Rahma Bchitou, Mohmed Boulmane, Ahmed Bouhaouss, Dominique Guillaume

- *Natural Product Communications (acceptée)*

COMMUNICATIONS ORALES

1- Modelling and optimization of relocation some heavy metals and micro-nutrients in the Argan tree.

Faez Mohammed, Rahma. Bchitou, Jean Michel. Roger, Ahmed. Bouhaouss and Bernard. Palagos, Nabih. Zerki.

- ❖ *Afrodata First African European Conference international on Chemometrics, 20th to 24th of September 2010 in Rabat.*

2-Effet des solutions d'acide phosphorique, de chrome et de cadmium sur la croissance d'arganier.

Faez Mohammed, *Rahma Bchitou, Naeem Nachid, Ahmed Bouhaouss.*

❖ *Sciences et développement durable au quotidien 2012 à Rabat.*

3-Modélisation et optimisation du transfert des métaux lourds et oligo-éléments dans l'arganier.

Faez Mohammed, *Rahma Bchitou, Mohmed Boulmane.*

❖ JDoc FSR 2010 *à Rabat.*

COMMUNICATIONS AFFICHEES

1- Modélisation du transfert des métaux lourds dans l'arganier.

F. Mohammed, *R. Bchitou, A. Bouhaouss, N. Zerki, G. Mouhcine*

❖ *4ème Rencontre Internationale sur l'Analyse & la Chimiométrie (RENACQ-4), du 12 et 13 Mars 2010 à Béni Mellal.*

2-Modélisation et optimisation de l'influence de quelques éléments traces et la composition minérale dans les différentes parties de l'arganier.

Faez Mohammed, *Rahma Bchitou, Mohmed Boulmane, Ahmed Bouhaouss*

❖ *2ème Colloque International (Chimie, Environnement et Développement Durable, du 20 et 21 octobre 2011 à Rabat.*

3-Effet du phosphore, du chrome et du cadmium sur la croissance d'arganier.

Faez Mohammed, *Rahma Bchitou, Ahmed Bouhaouss*

❖ *Substances Naturelles et Développement Durable, du 22 et23 Juin 2012 à Rabat*

4- Can the dietary element content of virgin argan oils really be used for adulteration detection?

Faez Mohammed, *Rahma Bchitou , Ahmed Bouhaouss.*

❖ *Maroco-francais en Chimie Moléculaire, du 15-17 octobre 2012 à Rabat.*

Sommaire

CHAPITRE I: SYNTHESE BIBLIOGRAPHIQUE

CHAPITRE II : EFFET DU PHOSPHORE, DU CHROME ET DU CADMIUM SUR LA CROISSANCE D'ARGANIER

CHAPITRE III : MODELISATION ET OPTIMISATION DE TRANSFERT DE CERTAINS METAUX LOURDS ET OLIGO-ELEMENTS DANS LES JEUNES ARBRES D'ARGANIER

CHAPITRE IV: MODELISATION DE LA DISTRIBUTION DES METAUX LOURDS ET OLIGO-ELEMENTS DANS LE SOL FORESTIER ET DANS LES DIFFERENTES PARTIES D'ARGANIER DES DIFFERENTES REGIONS DU MAROC

INTRODUCTION GENERALE

INTRODUCTION GENERALE

L'arganier, l'arbre endémique du sud-ouest marocain, joue un rôle socio-économique et environnemental très important de la région. Il est profondément implanté dans la vie quotidienne des populations rurales et joue un rôle fondamental dans leur subsistance.

On distingue deux types d'arganier, l'arganeraie verger et l'arganeraie forêt :

- L'arganeraie verger se rencontre généralement dans les zones peu accidentées, sa densité moyenne est de 100 souche/ha. Ce type de forêt est soumis à une utilisation agricole très poussée.

-L'arganeraie forêt est localisée dans les parties non cultivables du littoral atlantique (Essaouira-Agadir) dont la densité peut atteindre 500 souche/ha. Ce dernier type conserve relativement une diversité spécifique montagneuse.

L'Arganier est un arbre à multi usages. Chaque partie de ce dernier (bois, feuilles, fruits, huiles) est utilisable et représente une source de revenu pour l'usager. En plus, il joue un rôle irremplaçable dans l'équilibre écologique. Son système racinaire puissant et profond maintient le sol et permet de lutter contre l'érosion qui menace cet équilibre. En effet, le bois est utilisé soit dans la construction d'outils agricoles soit comme combustible sous forme de charbon. Les feuilles constituent une source de nourriture équilibrée pour les animaux et utilisées en cosmétique comme élément de valorisation supplémentaire. L'huile extraite de l'amande est utilisée en alimentation humaine et elle est incorporée dans des produits cosmétiques et pharmaceutiques.

Ainsi, l'amélioration des conditions de production de l'huile extraite des arganiers s'est avérée primordiale à cause des impuretés qui passent dans cette huile au cours des procédés d'extraction, surtout ceux qui sont utilisés dans des unités industrielles. Parmi ces impuretés, on trouve les métaux lourds qui présentent un danger pour les consommateurs lorsque les teneurs dépassent le seuil maximal.

Devant cette problématique, plusieurs travaux sont réalisés sur l'arganier du sud ouest marocain, soit pour la caractérisation physico-chimique, soit pour déterminer les sous produits. Peu de travaux ont été consacrés à l'étude de l'influence et le transfert des métaux lourds et des oligoéléments dans l'arganier et l'huile d'argan pour pouvoir valoriser les produits de l'arganier au profit des communautés rurales les plus motivées à protéger et à augmenter la croissance d'arganier, afin de pouvoir trouver les conditions optimales de croissance de cet arbre et pour pouvoir essayer de tester sa croissance loin de la plaine de Souss et de l'Atlas.

En effet, notre travail portera, en premier lieu, sur la caractérisation des sols et l'arbre. Puis, l'étude de l'effet d'acide phosphorique et de quelques métaux lourds sur la croissance de l'arbre pour pouvoir mener une étude sur le transfert de ces métaux en absence et en présence des composés phosphorés, afin de pouvoir contribuer à la valorisation des sous produits et de rentabiliser la production d'huile.

Ce travail s'inscrit dans le cadre de la continuité des séries de recherches effectuées par le laboratoire de chimie physique générale, matériaux, nanomatériaux et l'environnement.

Par conséquent, ce mémoire est scindé en cinq chapitres :

-Le premier chapitre regroupe un ensemble de données bibliographiques de base portant sur l'arganier, l'extraction de l'huile d'argan et les différentes sources du transfert des éléments traces dans l'arbre et dans l'huile extrait.

-Le deuxième chapitre de ce mémoire est consacré à l'étude de l'effet de l'acide phosphorique, du chrome et du cadmium sur la croissance d'arganier et l'étude de la répartition de ces métaux entre les différentes parties d'arganier.

-Le troisième chapitre concerne la modélisation et l'optimisation de transfert de certains métaux lourds et oligoéléments dans l'arganier.

-Le quatrième chapitre concerne l'étude de modélisation de la distribution des métaux lourds et oligoéléments dans le sol forestier et dans les différentes parties d'arganier des différentes régions du Maroc

Dans le cinquième chapitre nous exposons les résultats d'une étude spatio-temporelle de transfert des éléments diététiques dans les huiles d'argan. Et nous terminons par une conclusion générale

CHAPITRE I: SYNTHESE BIBLIOGRAPHIQUE

I.1) GENERALITES

I.1.1) L'ARGANIER

L'arganier (Argania spinosa (L.) Skeels) est un arbre endémique du Maroc, où il occupe la troisième place à l'échelle nationale après le chêne vert et le thuya [1]. C'est un arbre qui peut vivre jusqu'à 250 ans. Il est spécifique au sud-ouest du Maroc et s'étend principalement sur les provinces d'Essaouira, Agadir, Tiznit et Taroudant comme il est indiqué sur la figure I.1. La forêt d'arganier s'étend sur environ 800 000 ha, et compte plus de 20 millions d'arbres [2]. Cet arbre de la famille des Sapotacées, est particulièrement résistant aux conditions sèches et arides du sud ouest marocain. Il peut en effet supporter des températures allant de 3 à 50°C, et se contenter d'une pluviométrie très faible.

L'Arganier, curiosité floristique et botanique, est l'arbre le plus remarquable du Maroc. C'est un arbre épineux, pouvant atteindre 8 à 10 mètres de haut [1]. Sa cime est large, étalée, dense et ronde. Son tronc est court, noueux, tourmenté, même souvent multiple et forme de plusieurs tiges entrelacées.

L'arganeraie joue donc un rôle socio-économique et environnemental de première importance dans ces zones géographiques. Son statut législatif particulier en fait une forêt domaniale dont le droit d'usage dédié aux populations locales est très étendue : droit de cueillette des fruits, de ramassage du bois à usage domestique et de parcours gratuit [3-5].

Malheureusement, victime de la sècheresse, mais aussi de l'évolution du mode de vie rural et du changement du climat, l'arganeraie est fragilisée. Sa surexploitation agricole, l'érosion des sols, l'avancée du désert sont autant d'agression de ce patrimoine unique. En moins d'un siècle, plus de la moitié de la forêt a disparu et sa densité moyenne est passée de 100 à 30 arbres par ha. Pourtant, tous les travaux de recherche montrent que l'arganier n'est pas en voie de disparition [3].

A.
A. Arbre arganier

B.
B. Fruits de l'arganier

Figure I. 1 : Aire de répartition de l'arganier [4].

I.1.2) HISTOIRE DE L'AGANIER

Les premiers écrits sur l'Arganier sont ceux de géographes et médecins arabes qui ont étudié la région du Maghreb. Les arbres d'arganier sont très anciennement connus et utilisés par l'homme. Les phéniciens, au Xème siècle, avaient utilisé l'huile qu'il produit dans leurs comptoirs installés le long de la côte atlantique [1].

En 1219, le médecin égyptien Ibn Al Baytar décrit l'Arganier dans son ouvrage 'Traité des simples'. Il parle de l'Arganier comme un arbre épineux, donnant un fruit de la grosseur d'une noix, renfermant une pulpe utilisée comme aliment pour les caprins et une graine oléagineuse dont on extrait une huile comestible. [1] En 1515, Jean Léon l'Africain en parle dans son livre 'Description de l'Afrique' et décrit l'huile comme étant de très mauvaise odeur et servant pour l'alimentation et l'éclairage. Peter Schousboe, consul danois au Maroc en 1791, publie ses observations sur la flore marocaine et en particulier sur l'Arganier.

Hooker, en 1878, décrit par ailleurs le mode d'obtention de l'huile et l'identifie comme un mélange de saponines et l'appelle arganine. En 1924, le "secteur" de l'Arganier est cité par Braum - Blanquet et le Maire dans leur mémoire "Les études sur la végétation et la flore marocaine"[1]. Maire, en 1926, publiait à la suite de ses missions dans le Souss un premier article sur la végétation du Sud Ouest marocain, citant deux types d'arganeraies : celle à *Euphorbia echinus* du littoral atlantique et celle à *Hesperola burnum platycarpum* (Maire) des montagnes d'Adar-ou-Amane, ébauchant la première classification d'arganeraie des plaines et des montagnes [1].

En outre, les récits des voyageurs et des agents consulaires anglais au Maroc au 18ème siècle, révèlent que les forêts d'arganier étaient très denses et s'étendaient d'Oualidia au Nord de Safi, aux confins du Sahara. Etant donné que la famille des Sapotacées est connue depuis le crétacé supérieur, on s'accorde à dire que l'Arganier est apparu au tertiaire, époque à laquelle il se serait répandu sur une grande partie du pays. Puis au quaternaire, l'arganier aurait été refoulé au Sud Ouest par l'invasion glaciaire, d'où

17

des colonies vers Rabat et au Nord près de la côte méditerranéenne et près d'Oujda (Forêts de Beni Snassen sur une superficie de 200 ha) [1].

I.1.3) LES INTERETS DE L'ARGANIER

I.1.3.1) INTERET SOCIO-ECONOMIQUE

L'arganier est en effet, un arbre multi-usages, chaque partie ou production de l'arbre est utilisable et est une source de revenu ou de nourriture pour la population qui doit sa subsistance à l'aganeraie. Ce patrimoine qui offre 1.470.000 journées de travail familial par an pour la seule opération d'extraction d'huile (la production d'un litre d'huile nécessite une journée et demi de travail) et constitue un support alimentaire permanent pour plus de 250.000 petits ruminants (caprins, ovins), représentant une importante source de vie pour des centaines de milliers d'autochtones. Tout en les stabilisant dans leurs campagnes, cette forêt a fortement limité le phénomène d'exode rural. Au point de vue production, l'arganeraie offre une triple vocation : forestière, pastorale et fruitière.

I.1.3.2) INTERET ECOLOGIQUE

Cet arbre a des propriétés écologiques et physiologiques et il est le seul pratiquement adapté aux régions arides et semi-arides où il pousse. Dans ces zones, l'arganier est pratiquement irremplaçable pour la conservation des sols et des pâturages, la lutte contre l'érosion et la désertification, la protection de la biomasse en assurant ses besoins à travers les phénomènes (évaporation, condensation) et la contribution à l'alimentation de la nappe phréatique. Grâce à ses racines, qui peuvent atteindre plusieurs mètres de long, cet arbre très rustique participe à la fixation des sols qu'ils enrichissent par ailleurs en matières organiques issus des feuilles mortes. Certains chercheurs ont inventorié jusqu'à cent variétés végétales [5].

I.1.3.3) INTERET BIOLOGIQUE ET DIETETIQUE

L'huile d'argan est riche en matières grasses du type oléique-linoléique, elle contient environ 80% d'acides gras insaturés, qui ne présentent aucun problème d'assimilation et de digestion par l'organisme humain. La proportion des acides gras de l'huile d'argan dépasse celle du lait de la femme qui ne titre que 10% d'acide linoléique, ainsi que celle du lait de vache, de la viande, et du poisson [5]. L'acide linoléique, bien représenté (environ 34%), intervient dans la biosynthèse des prostaglandines, hormones régulatrices des échanges membraneux qui jouent un rôle prépondérant dans la perméabilité de l'épiderme [5].

I.2) COMPOSITION CHIMIQUE DES DERIVES DE L'ARGANIER

I.2.1) L'HUILE D'ARGAN

L'huile d'Argan est une huile d'excellente valeur alimentaire. Elle possède des propriétés diététiques très intéressantes, car elle est constituée à 80 % d'acides gras insaturés dont une bonne proportion est celle d'acide linoléique. Actuellement, la production totale de l'huile d'Argan varie de 3000 à 4000 tonnes et représente donc au maximum 1,6 % de la consommation marocaine en huile alimentaire et 9 % de la production nationale [6, 7]. L'amande oléagineuse ne représente que 3 % du poids du fruit frais [7].

Il existe cinq types d'huile d'argan : l'huile de presse torréfiée (HPT), huile artisanale (HA), deux huiles alimentaires de couleur brune claire, assez fluide ayant une odeur agréable (odeur de noisette), l'huile de presse non torréfiée (HPNT) utilisée pour la cosmétique de couleur jaune et l'huile de laboratoire de couleur jaune obtenue par extraction par solvant organique et utilisée pour la recherche scientifique [8].

I.2.1.1) CARACTERISTIQUES PHYSICO-CHIMIQUES DE L'HUILE D'ARGAN

Les caractéristiques chimiques de l'huile d'argan ont été étudiées par plusieurs auteurs [9-10]. Les principales constantes physico-chimiques de l'huile d'argan vierge relevées de la littérature sont rassemblées dans le tableau I.1.

Tableau I. 1 : Caractéristiques physico-chimiques de l'huile d'argan [8].

Constantes	Norme Marocaine de l'huile d'argan [9]	H.A [10]	H.P.T [10]	H.P.N.T [10]
Indice d'acidité g%	≤3.3	0.89	0.75	0.86
Indice de peroxyde meq/kg	≤20	0.71	0.7	0.4
Indice d'iode g$_l$%g	-	107.97	107.46	109.05
Indice de réfraction à 20 ^{0}c	1.463-1.472	-	-	-
Indice de saponification	189-199.1	-	-	-
Insaponifiable %	≤1.1	-	-	-
Phosphore en ppm	-	9.92	32.91	31.53
Teneur en eau et matières volatiles %m/m	≤0.2	0.22	0.089	0.098
Teneur en impuretés insolubles %m/m dans l'éther de pétrole	≤0.3	0.13	0.29	0.22

I.2.1.2) PROCEDE D'EXTRACTION D'HUILE D'ARGAN

I.2.1.2.1) PROCEDE D'EXTRACTION ARTISANALE (H.A)

L'extraction de l'huile d'argan est réalisée par les femmes d'une manière très artisanale. Quand les fruits sont mûrs, ils sont soigneusement débarrassés de leur pulpe. Ainsi les noyaux sont cassés à l'aide des pierres, puis les amandes sont séchées, ensuite torréfiées dans des plats en terre chauffés sur un feu doux. Les amandes grillées sont refroidies et moulues dans un moulin à bras traditionnel. La pâte obtenue est de couleur brune, elle est malaxée manuellement avec de l'eau tiède pendant un certain temps. Pour extraire l'huile, on presse la pâte avec les mains jusqu'à ce qu'elle devienne dure. L'huile ainsi obtenue est laissée se reposer jusqu'elle devient limpide, sa couleur est brunâtre et a un goût de noisette.

Le résidu de l'extraction ou tourteau est de couleur noirâtre et d'un goût amer. Il renferme encore une quantité importante d'huile 10 % et constitue un aliment très apprécié par les bovins. Cette méthode d'extraction est lente car un litre d'huile demande 8 à 10 heures de travail et le rendement dépasse rarement les 30 %. Cette huile se conserve mal à cause de l'eau ajoutée lors du malaxage ; traditionnellement on ajoute du sel pour mieux la conserver au fur et à mesure qu'on en consomme [11].

I.2.1.2.2) EXTRACTION PAR LA PRESSE MECANIQUE (H.P)

Des essais d'extraction d'huile par pressage de l'amande de l'arganier, ont été réalisés par plusieurs auteurs [12-14]. Dans certains cas le rendement d'extraction a été augmenté de 30% à 50% par rapport à la méthode artisanale. Grâce à l'extraction mécanique on peut obtenir deux types d'huile :

- L'huile alimentaire, au goût de noisette, obtenue par pressage mécanique des amandes torréfiées (HPT).

- L'huile vierge, ou cosmétique destinée plus à des usages cosmétiques, obtenue à partir des amandes non torréfiées (HPNT). Donc le pressage mécanique permet de diminuer le temps et la rudesse du travail permet également d'obtenir une huile de meilleure qualité et avec un bon rendement.

I.2.1.2.3) EXTRACTION PAR LES SOLVANTS ORGANIQUES

Au laboratoire, l'extraction de l'huile d'argan à partir de l'amande broyée est réalisée par l'hexane au soxhlet, le rendement est de 50 à 55 % [6].

L'extraction industrielle se fait avec un solvant organique de type hydrocarbure éventuellement halogéné en présence d'un antioxydant lipophile représentant 0.02 - 0.1 % de poids des amandes. Cette huile est destinée essentiellement à la cosmétologie car elle est dépourvue de goût et d'arôme [15].

I.2.1.3) ETUDE ANALYTIQUE DE L'HUILE D'ARGAN
I.2.1.3.1) COMPOSITION CHIMIQUE

La composition chimique a été étudiée par plusieurs auteurs. Le tableau I.2 regroupe les valeurs relevées dans la littérature pour l'huile artisanale [16], l'huile du laboratoire [14], l'huile industrielle, l'huile de presse et l'huile enrichie [17].

Tableau I. 2 : Composition chimique de l'huile d'argan [15].

	Huile artisanale	Huile de laboratoire	Huile industrielle	Huile de presse	Huile enrichie
masse volumique (g/cm3)	-	0.906	0.9	-	-
Indice de réfraction	1.4632	1.4685	1.466	1.473	-
Indice d'acidité	1.3	1.3	1	0.46	1.8
Indice de peroxyde	-	-	-	2.79	0.5
Indice d'Iode	96.1-97.9	98.1	102	-	-
Indice de saponification	190.9-193.8	195.2	201	190	-
Taux d'insaponifiable	1.0	1	1	1.02	3.8

I.2.1.3.1.1) ACIDES GRAS

Les acides gras sont des acides carboxyliques R-COOH dont le radical R est une chaîne aliphatique de type hydrocarbure de longueur variable qui donne à la molécule son caractère hydrophobe (gras).

La grande majorité des acides gras naturels présentent les caractères communs suivants :

- monocarboxylique

- chaîne linéaire avec un nombre pair de carbones

- saturés ou en partie insaturés avec un nombre de doubles liaisons maximal de 6. La fraction glycéridique représente 99% de l'huile totale. Les triglycérides sont largement majoritaires : 95 %. L'analyse des acides gras de l'huile d'argan montre une prédominance des acides oléiques près de 80% et un taux extrêmement faible d'acide linoléique. Dans le tableau I.3 sont résumées les principales valeurs de ces acides trouvées dans la littérature [15]. Les variations trouvées selon les auteurs peuvent être dues à l'origine de l'huile, aux méthodes d'extraction et de conservation de l'échantillon ainsi qu'aux conditions des analyses.

Tableau I. 3 : Composition en acide gras de l'huile d'argan [15].

Acides Gras	H.A.1	H.A.2	H.A.3	H.L	HPT	HPNT
Acide myristique C14:0	0.2	0.2	0.2	0.2	0.16	0.15
Acide pentanedecanoïque C15:0	-	-	-	0.1	0.07	0.06
Acide palmitique C16:0	14.3	14.3	11.7	13.9	12.57	11.57
Acide palmitoléique C16:1	-	traces	0.1	0.2	0.10	0.09
Acide heptadécanoïque C17:0	-	-	-	0.1	0.08	0.09
Acide stéarique C18:0	5.9	5.9	5.0	5.6	5.94	5.32
Acide oléique C18:1	48.1	48.1	46,4	46.9	42.77	43.15
Acide linoléique C18:2	31.5	31.5	34.9	31.6	36.86	38.09
Acide linoléique C18:3	-	-	0.6	0.1	0.15	0.12
Acide nonadécénoïque C19:1	-	-	-	0.1	-	-
Acide arachidique C20:0	-	-	-	0.4	0.39	0.33
Acide gadoléique C20:1	-	-	-	0.5	0.35	0.37
Acide béhénique C22:0	-	-	-	0.1	0.15	0.12

H.A.1 : Huile artisanale [16]

H.A.2 : Huile artisanale [18]

H.A.3 : Huile artisanale [19]

H.L. : Huile Laboratoire [6]

HPT : Huile de presse torréfiée

HPNT : Huile de presse non torréfiée

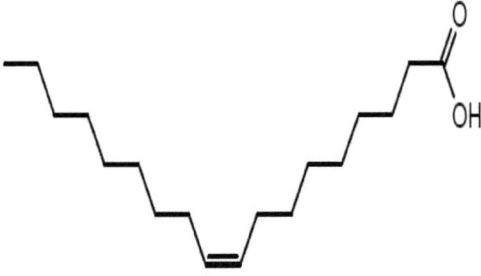

Figure I. 2 : Acide oléique C18: 1.

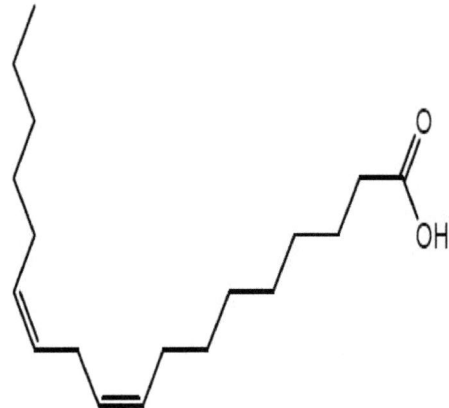

Figure I. 3: Acide Linoléique C18: 2.

I.2.1.3.1.2) TRIGLYCERIDES

Les triglycérides sont composés de trois molécules d'acides gras estérifiant à une molécule de glycérol. Les triglycérides constituent la majeure partie des lipides alimentaires et des lipides de l'organisme stockés dans le tissu adipeux. On les trouve également dans le sang, où ils sont associés à des protéines spécifiques. La fraction triglycéridique est déterminée par l'analyse par chromatographie liquide haute performance qui permet la séparation et l'identification des triglycérides individuels [15]. La prédominance des triglycérides est notée par O,O,O - L,L,O - P,L,O - O, ,L O - P,O,O (tableau I.4). L'analyse stéréospécifique [20] est réalisée par application de la méthode de Brockerhoff montre que les acides gras saturés estérifient majoritairement les positions externes. L'acide linoléique occupe en majorité la position Sn-2, alors que l'acide oléique se distribue plus équitablement entre les trois positions.

Tableau I. 4 : Les triglycérides de l'huile d'argan [20-21].

	Huile artisanale	Huile de presse
LLL	6.6	8.2
LLO	14.2	17.0
PLL	5.1	6.4
OLO	16.7	18.9
SLL	-	2.6
PLO	14.2	12.9
PLP	7.6	1.0
OOO	14.7	13.5
SLO	-	4.4
POO	15.7	10.5
PLS	-	0.6
POP	3.3	1.1
SOO	5.1	2.6
POS	2.9	0.5

Tableau I. 5 : Distribution des acides gras individuels sur les trois positions du Sn glycérol (moles %).

Acide gras	Sn-1	Sn-2	Sn-3
C16:0	54.0	9.4	36.6
C18:0	19.4	1.7	78.9
C18:1	33.3	39.7	27.0
C18:2	29.5	40.0	30.5
C20:0	13.3	6.7	80.0

I.2.1.3.1.3) INSAPONIFIABLE

L'insaponifiable contient des hydrocarbures et des carotènes 37.5 %, des tocophérols 7.5 %, des alcools triterpèniques 20 %, des méthyl-stérols et stérols 20 % et des xantophylles 6.5 % [6].

La recherche de la provitamine A sous forme de trans β carotène dans l'huile d'argan s'est avérée négatif [11].

L'huile d'argan est relativement riche en tocophérols (620 mg / kg) par rapport a huile d'olive (320 mg / kg). Ils sont constitués de 69 % d'α-tocophérol (ou vitamine E) à action eutrophique, 16 % de β tocophérol, 13 % de γ−tocophérol et 2 % de δ−tocophérol [6]. Les β,γ et δ−tocophérols sont connus pour leur activité antioxydante assurant ainsi une bonne conservation de l'huile.

Le stigmastane (figure I.4) : le Schotténol et le spinastérol sont les stérols majoritaires [6].

Spinastérol: stigmasta-7, 22-dién-3 β-ol (22-E, 24-S): 44 %

Schotténol: stigmasta-7-èn-3-β-ol (24-R): 48 %

Stigmasta-8, 22-dién-3β-ol (22-E, 24-S): 4 %

Stigmasta-7, 24-28-dién-3β-ol (24-Z): 4 %

On note l'absence des stérols ci-dessous qui sont les plus rencontrés dans les huiles végétales.

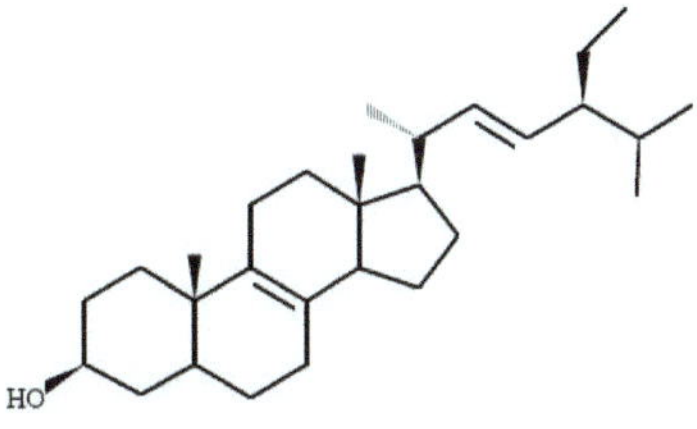

**Stigmasta-8,22-dién-3β-ol
(22 E, 24 S)**

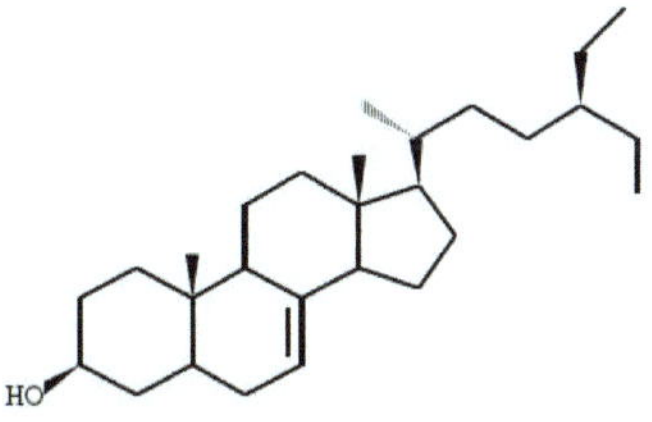

Schotténol

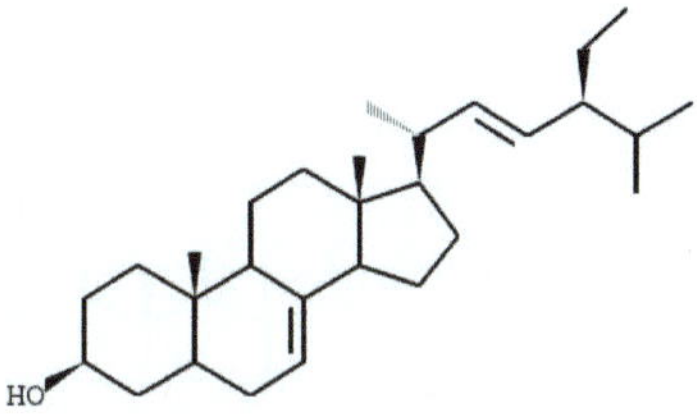

Spinastérol

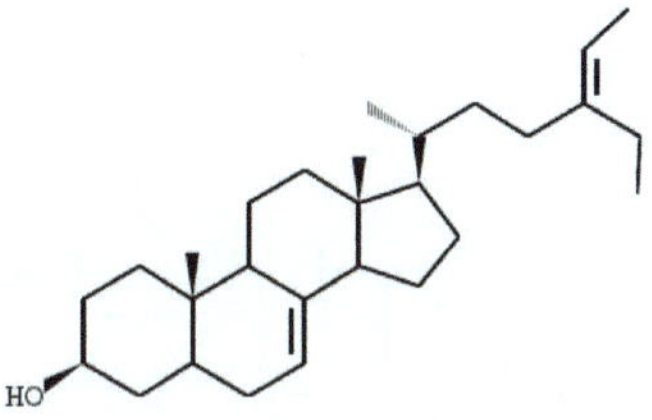

Stigmasta-7,24(28)-dién-3 β -ol

Figure I. 4 : Stérols de l'huile d'argan.

Les alcools triterpéniques et méthyl-stérols (figure I.5) rencontrés dans l'insaponifiable [21] sont :

-Lupéol (7.1 %)

-Butyrospermol 20R (18.1 %)

-Tirucallol 20S (27.9 %)

-β−Amyrine (27.3 %)

-24-méthylène cycloartanol (4.5 %)

-Citrostadienol (3.9 %)

-cycloeucalenol (<6 %)

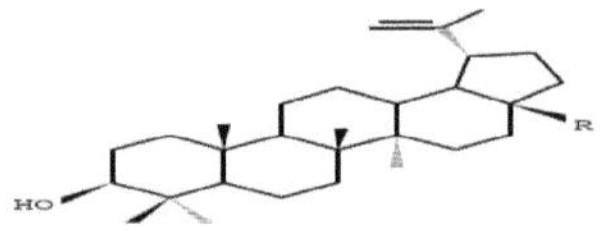

R = CH3 : Lupéol
R = CHO : Bétulinaldéhyde
R = CH2OH : Bétuline

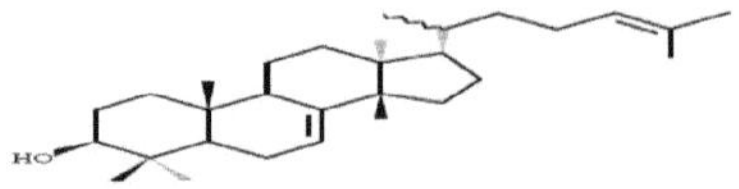

Butyrospermol 20 R
Tirucallol 20 S

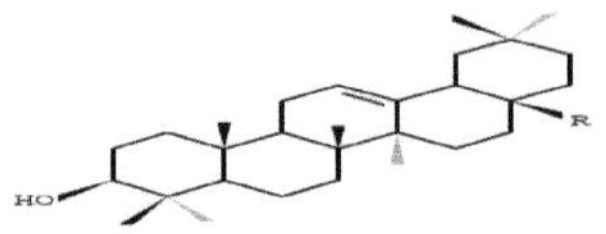

R = CH3 : β-Amyrine
R = CH2OH : Erythrodiol

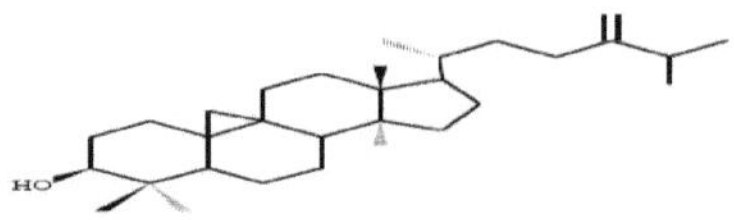

24-méthylène cycloartanol

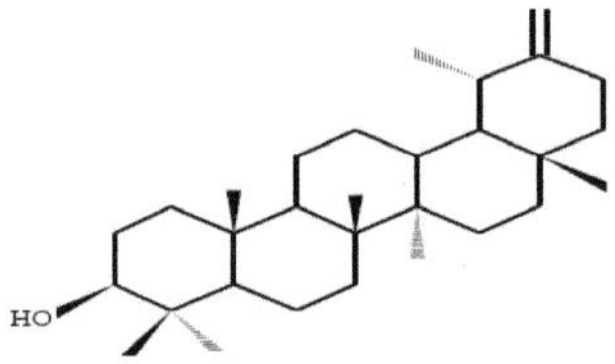

Taraxastérol

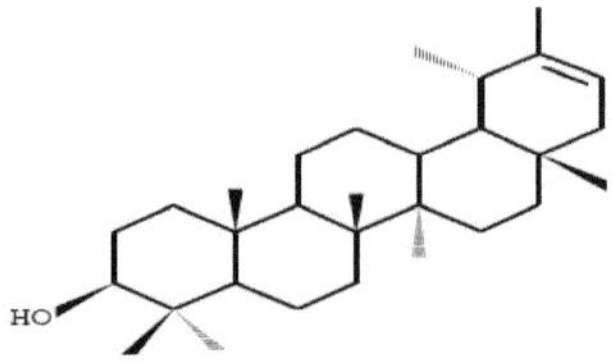

Ψ taraxastérol

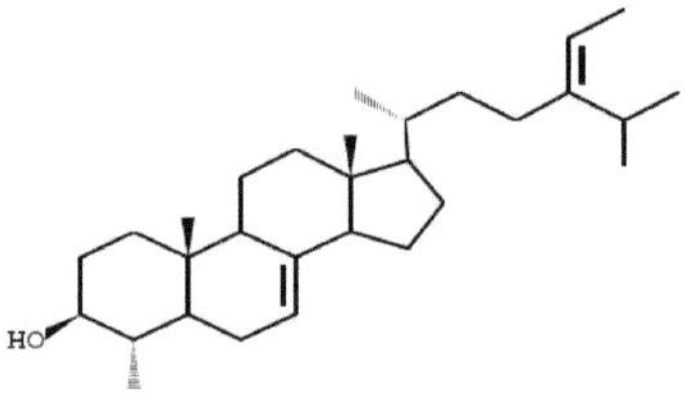

Citrostadiénol

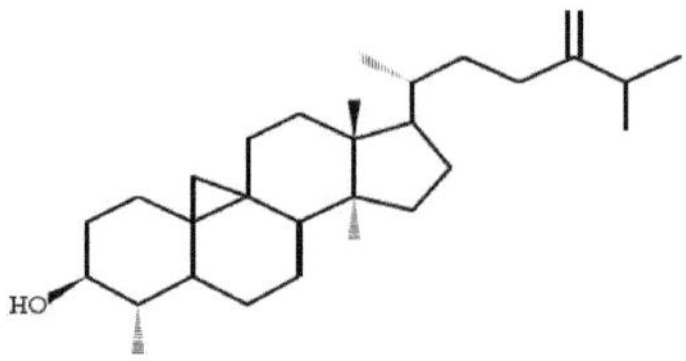

Cycloeucalénol

Figure I. 5 : Tri terpènes et méthylstérols de l'Arganier.

I.3) L'INTERET DE L'HUILE D'ARGAN

I.3.1) L'HUILE COSMETIQUE

L'huile d'argan destinée à la cosmétologie est préparée à partir des amandons non torréfiés. L'activité cosmétologique de l'huile d'argan est probablement liée à sa forte teneur en acides gras insaturés et en agents antioxydants. Ces derniers sont connus pour s'opposer à l'activité des radicaux libres dont l'effet est néfaste pour la peau. L'application régulière sur la peau d'huile d'argan de qualité cosmétologique est conseillée pour le traitement des gerçures, des peaux sèches ou déshydratées et de l'acné. A long terme, l'application d'huile d'argan conduit à une réduction de la vitesse d'apparition des rides et à la disparition des cicatrices provoquées par la rougeole ou la varicelle.

L'application d'huile d'argan est aussi préconisée pour le traitement des brûlures superficielles. Des massages à l'huile d'argan au niveau des articulations permettent aussi une réduction des douleurs rhumatismales. Finalement, appliquée sur la chevelure, l'huile d'argan permet de redonner aux cheveux éclat et brillance [22].

I.3.2) L'HUILE ALIMENTAIRE

L'intérêt alimentaire de l'huile d'argan repose en partie sur sa très forte teneur en acides gras insaturés dont l'impact positif sur la santé humaine est bien connu. Les acides gras rencontrés dans l'huile d'argan appartiennent à la série dite des "oméga-6", dont la distribution, comparée aux "oméga-3", est primordiale pour de nombreux processus physiologiques.

La consommation régulière d'huile d'argan constitue donc une source privilégiée en acides gras essentiels (acide linoléique en particulier) et produit des effets particulièrement bénéfiques au niveau cardiovasculaire en diminuant le taux de cholestérol circulant.

La consommation d'huile d'argan prévient donc l'athérosclérose. En plus des bénéfices observés dans le domaine cosmétologique, la forte teneur en agents antioxydants (tocophérols, polyphénols) et phytostérols de l'huile d'argan alimentaire est aussi une source de bienfaits. La faible teneur observée pour certains de ces composés explique que l'implication de chacune de ces familles dans l'amélioration de l'état de santé général des consommateurs soit encore à l'étude. Cependant, l'idée de leur participation générale est largement acceptée. C'est la raison pour laquelle l'huile d'argane est fréquemment classée parmi les nutraceutiques (ou aliments fonctionnels), familles de composés alimentaires dont la consommation régulière procure une amélioration générale de l'état de santé des consommateurs [22].

I.4) LA PUPLE DU FRUIT DE L'ARGANIER

La pulpe est la partie extérieure du fruit de l'arganier, elle constitue un excellent aliment pour le cheptel vivant dans l'arganeraie. Le tableau I.6 résume les données de la littérature concernant la composition chimique de la pulpe.

Tableau I. 6 : La composition chimique de la pulpe.

Désignation	Teneur en % [23]	Teneur en % [24]	Teneur en % [25]
Humidité	20-50	20-21	21-23
Cendres	4,1	0,2	4,6
Celluloses	12,9	5,7	5,9
Composes azotés	5,9	7,7	6,6
Extrait lipidique	6,0	-	5,0
Glucide réducteur	15,7	25-28	12 ,0
Glucide saccharifiables	2,8	-	11,5

La pulpe du fruit de l'arganier est caractérisée par sa faible teneur en matière grasse (2%). Cependant, elle est plus riche en glucides (20%), en cellulose (13%), et en protéines (6%). Elle présente un latex guttoide (4%) correspondant à un poly-isoprène à 86% de forme cis (caoutchouc) et 14% de forme trans[23].

La composition en acide gras de la matière grasse de la pulpe du fruit de l'arganier est résumée dans le tableau I.7. La différence entre les valeurs citées dans la littérature pourrait être due à la grande variabilité génétique de l'arganier ainsi qu'aux méthodes d'analyse.

Tableau I. 7 : Composition en acide gras de l'extrait lipidique de la pulpe [23].

Acides gras	Teneur en %
Myristique C14 : 0	4,3
Pentade canoïque C15 : 0	0,8
Palmitique C16 : 0	18,4
Heptadécanoique C17 : 0	0,5
Palmitoléique C16 : 1	1,3
Stéarique C18 : 0	6,3
Oléique C18 : 1	42
Linoléique C18 : 2	18,8
Linolénique C18 : 3	4,6
Monadécénoique C19 : 1	0,5
Arachidique C20 : 0	1
Gadoléique C20 : 1	1

L'étude des métabolites secondaires de l'arganier a été entreprise dans le but d'identifier de nouveaux composés permettant d'augmenter la valeur industrielle et commerciale de l'arganier. La protection de l'arganier et une extension de l'arganeraie se trouveraient fortement stimulées. De la pulpe du fruit de l'arganier, la (+)-catéchine, la (-)-épicatéchine, la rutine, l'acide phydroxybenzoïque, les dérivés hydroxycinnamiques et le résorcinol ont été isolés. L'érythrodiol, le lupéol, l'T-et la N- amyrine, d'autres triterpènes ont été mis en évidence dans l'insaponifiable de la pulpe; il s'agit du taraxastérol, i- taraxastérol, bétulinaldéhyde et bétuline. Les stérols identifiés dans la pulpe du fruit de l'arganier sont le schotténol et le spinastérol, leur teneur dans l'insaponifiable est inférieure à 0.4% [26,27].

Les substances volatiles de la pulpe du fruit de l'arganier ont été analysées, le résorcinol a été identifié comme étant le composé majoritaire (73,5%) [28].

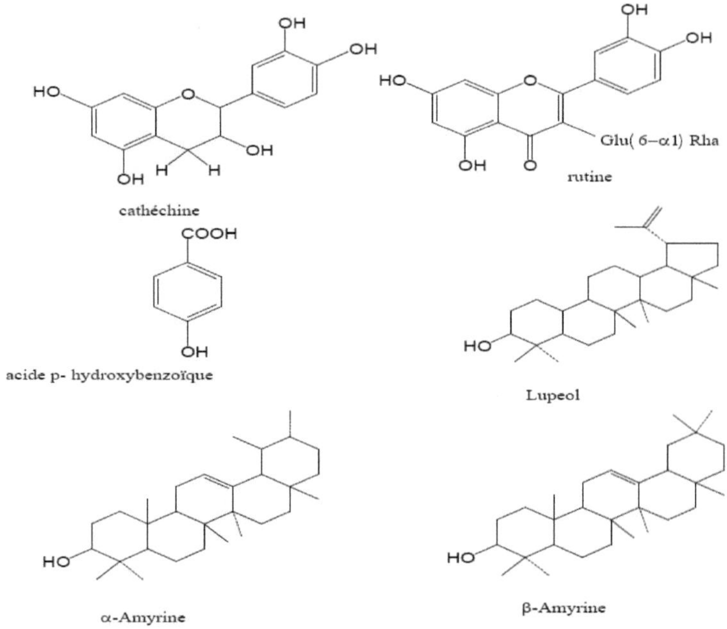

Figure I. 6 : Les composés phénoliques de la pulpe du fruit de l'arganier.

L'extrait méthanolique de la pulpe a révélé la présence de trois saponosides dont une nouvelle substance naturelle : arganine K. Cet extrait représente des propriétés anti-oxydantes remarquables et inhibe la prolifération des lignées cellulaires cancéreuses humaines d'origine thymiques (HPB-HALL) [29].

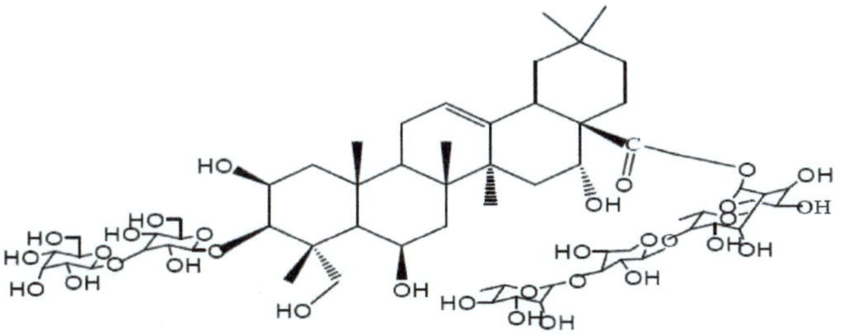

Figure I. 7 : Saponine extraite de la pulpe du fruit de l'arganier (Arganine K).

I.5) LA COQUE DE L'ARGANIER

La coque est la partie la plus dure du fruit de l'arganier. Elle protège l'amandon de tout facteur extérieur tel que l'humidité et la chaleur.

Plusieurs études traitent la composition chimique de la coque [30], soit pour déterminer les substances volatiles. [29], soit pour déterminier des saponines de la coque. La teneur en saponines de la coque du fruit de l'arganier est d'environ 1% [29]. Les saponines contiennent l'acide protobassique et l'acide 16 T-protobassique. Les substances volatiles de la coque des fruits de l'arganier ont été analysées. Le résorcinol a été identifié comme le composé majoritaire (73.5%) [30]. Le 14-méthylidène-2, 6, 10-triméthylhexadécène, composé majoritaire des substances volatiles des feuilles, a été détecté dans la coque des fruits de l'arganier et comme composé minoritaire [28].

I.6) LE TOURTEAU DE L'ARGANIER

Le résidu de l'extraction ou tourteau est utilisé actuellement comme aliment pour bovins soumis à l'engraissement. Il est riche en glucides et protéines (46,6% à 49%) et renferme un important groupe pharmacodynamique constitué de saponines [31].

Le tourteau est riche en saccharose et saponosides. La concentration du tourteau en saponines est d'environ 0,5 %. Sept saponines ont été isolées. Parmi celles-ci, deux saponines avaient déjà été isolées indépendamment d'autres espèces végétales. L'une des saponines déjà connues avait été nommée mi-saponine A [32], l'autre était restée sans dénomination [32].

La fraction glycosidique des saponines du tourteau est constituée d'une combinaison de cinq sucres : deux hexoses (le glucose et le rhamnose) et trois pentoses (l'arabinose, la xylose et l'apiose) [8].

Les nouvelles saponines ont été nommées arganine A-F [33]. L'arganine C est un puissant inhibiteur du VIH à médiation cellulaire et inhibe la fusion du VIH dans les cellules infectées [34].

Tableau I. 8 : Saponines du tourteau de l'arganier.

NOM	R1	R2	R3
ARGANINE A	Glc	OH	Rhm
ARGANINE B	Glc	OH	Api
ARGANINE C	H	OH	Rhm
ARGANINE D	Glc	H	Rhm
ARGANINE E	Glc	H	Api
MI-SAPONIN A	H	H	Rhm
ARGANINE F	H	H	Api

Glc: β-D- Glypyranose, Api : β-D-Apiofuranose,

Rhm: α-L-Rhamnopiranose, Ara : α-L-Arabinopyranose,

Xyl : β-D-Xylopyranose

La structure des saponines du tourteau de l'arganier est présentée sur la figure I.8.

Figure I. 8 : Saponines extraites du tourteau de l'arganier.

Arganine A: R1: glucose1-6glucose, R2 arabinose2-1rhamnose4-1xylose3-1rhamnose, R3=OH

Arganine B: R1: glucose1-6glucose, R2 :arabinose2-1rhamnose4-1xylose3-1apiose, R3= OH

Arganine C: R1 : glucose, R2 :arabinose2-1rhamnose4-1xylose3-1rhamnose, R3= OH

Arganine D: R1: glucose1-6glucose, R2 :arabinose2-1rhamnose4-1xylose3-1rhamnose, R3= H

Arganine E: R1: glucose1-6glucose, R2 : arabinose2-1rhamnose4-1xylose3-1apiose, R3= H

Arganine F: R1: glucose, R2 :arabinose2-1rhamnose4-1xylose3-1apiose, R3= H

Misaponine A: R1 : glucose, R2 :arabinose2-1rhamnose4-1xylose3-1rhamnose, R3 = H

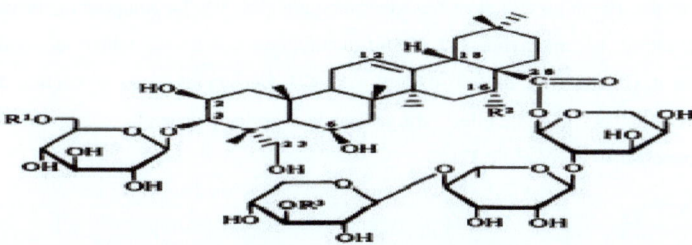

Figure. I. 9 : ARGANINE A - F

I.7) LES FEUILLES DE L'ARGANIER

Les feuilles de l'Arganier sont petites, de couleur vert sombre à la face inférieure. Les feuilles sont persistantes, peuvent rester donc sur l'arbre durant la saison sèche et résistent à l'évaporation [35]. Les feuilles servent de pâturage suspendu par les caprins. L'extrait lipidique représente 4,4% des feuilles [36]. Contrairement à l'amande et à la pulpe, l'extrait lipidique des feuilles renferme 27% d'insaponifiables. Ce dernier renferme des stérols (5%), des méthylstérols (1%), des triterpènes monohydroxylés (32%) et dihydroxylés (22%) ainsi que des hydrocarbures et des tocophérols (16%). Les principaux composés isolés sont T-amyrine, N-amyrine, lupéol, i- taraxastérol, érythrodiol, spinastérol et schotténol [36]. L'étude de la fraction flavonoïdique a montré la présence de la quercétine, la myricétine et quatre de leurs dérivés glycosylés ont également été identifiés: la myricétine-3-O- galactoside, l'hyperoside (quercétine-3-Ogalactoside), la myricitrine (myricétine-3-O-rhamnoside) et la quercitrine (quercétine-3-O-rhamnoside [28,30-37]. Les deux flavonols ainsi que leurs hétérosides présentent des propriétés antifongiques et antibactériennes remarquables à côté de leur pouvoir antioxydant [30-38].

Les feuilles de l'arganier renferment aussi des substances volatiles [28, 30]. La concentration de ces dernières a été évaluée à 98 mg/g de feuilles sèches [32]. La nature des composés formant la fraction volatile des feuilles a été analysée par chromatographie en phase gazeuse couplée à la spectrométrie de masse [30]. Parmi les 25 composés qui ont été détectés, 19 ont pu être identifiés sans ambiguïté [28, 30]. Le composé majoritaire (51,2 %) est le 14- méthylidène-2, 6,10-triméthylhexadecène. La teneur en huiles essentielles des feuilles est de 0,03-0,05 % [28, 37]. Ceci montre que la fraction des huiles essentielles des feuilles d'arganier est principalement composée de sesquiterpenoïdes oxygénés [28, 37].

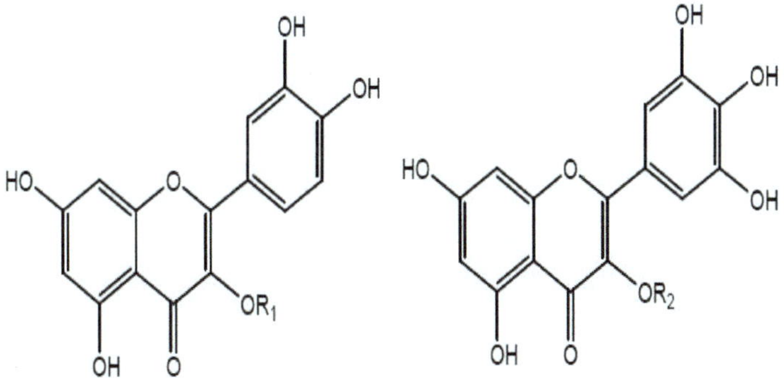

quercétine R_1= H
quercétrine R_1= Rha

myricétine R_2= H
myricétrine R_2= Rha

Figure I. 10 : Les composés flavonoïdiques isolés à partir des feuilles de l'arganier.

I.8) LE BOIS DE L'ARGANIER

Le bois est dur et utilisé comme combustible. La production actuelle est de l'ordre de 80 tonnes/ha de matières vivantes, ce qui constitue l'équivalent de 50 tonnes / ha de matières sèches.

Le bois de l'arganier est particulièrement riche en saponines, celles-ci étant retrouvées à une concentration d'environ 6 %, soit une concentration douze fois supérieure à celle des saponines du tourteau [8].

L'étude phytochimique de bois a révélé la présence de nouvelles saponines triterpèniques : Arganine G, H et J. Ces derniers sont des hétérosides de la bayogénine, un triterpène de la famille des Δ12-oléanane oxydé en position 2, 3 et 23 mais non hydroxylé en position 6 et en position 16 [28, 39-40].

Récemment, on a pu isoler cinq nouvelles saponines à partir du bois de l'arganier, qui sont les arganines L, O, P, Q et R [40].

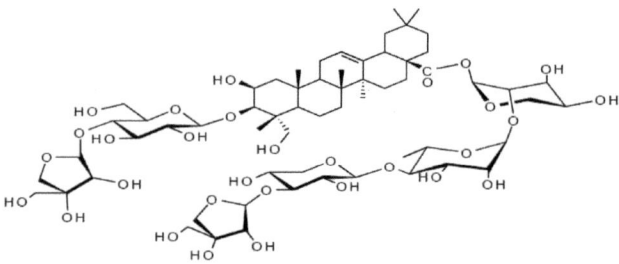

a : Arganine G

b : Arganine H

c : Arganine J

Figure I. 11 : Arganine G, H et J.

I.10) ELEMENTS TRACES

I.10.1) GENERALITES

La croûte terrestre ou lithosphère est composée de 80 éléments : 12 éléments majeurs et 68 éléments traces ou éléments mineurs [42]. Les éléments traces ne représentent que 0,6 % du total, alors que les 12 éléments majeurs (O, Si, Al, Fe, Ca, Na, K, Mg, Ti, H, P, Mn) représentent 99,4 %. Certains éléments traces sont des métaux par exemple : Cd, Cr, Zn, Pb, Cu, d'autres sont des métalloïdes (As, Se, Sb) [43].

Dans le monde vivant, la notion de macro ou micro-élément utilisée, repose sur la concentration moyenne de l'élément dans les organismes vivants. La limite des concentrations moyennes séparant macro de micro-éléments a été fixée à 100 mg/kg de matière sèche. Les micro-éléments peuvent être classés en deux catégories : les micro-éléments indispensables et les micro-éléments neutres. Les micro-éléments indispensables aux processus vitaux sont appelés oligo-éléments [44].

Certains éléments traces sont des oligoéléments indispensables, en très faibles quantités, aux processus biologiques (Zn, Cu, Cr, Mo) mais peuvent devenir toxiques selon la nature, la teneur, la mobilité et la biodisponibilité de l'élément [45]. D'autres n'ont aucune fonction biologique et sont toxiques même à faibles doses tels que Cd, Pb, Hg, Sn. Ainsi, le risque potentiellement polluant de ces éléments dépendra de leur concentration dans le milieu considéré (sols, air, eau, sédiments) mais surtout de leur forme chimique.

Les métaux lourds, sont des éléments métalliques dont la densité est supérieure à 5-6 g /cm^3. Il existe des éléments dont la masse volumique est supérieure à 5 g/cm^3 tel que l'aluminium, et des éléments qui ne peuvent être considérés comme des métaux comme le sélénium [46].

I.10.2) LES ELEMENTS TRACES DANS LES SOLS FORESTIERS

I.10.2.1) DEFINITION

Il est possible de classer les éléments chimiques selon leur concentration naturelle dans la fraction solide des sols. Ainsi, les éléments dits majeurs correspondent aux éléments chimiques présents en grande quantité dans les sols (>10000mg/kg). Ce groupe comprend les éléments suivant : Se, Al, Fe, Ca, Na, K et Mg [47]. Par opposition, les éléments traces se retrouvent dans les sols en quantité minime [47]. Sposito (1989) a fixé le seul quantitatif à 100mg/kg dans le groupe : As, Ba, Cd, Ce, Co, Cr, Cu, Ni, Pb, Rb, Sr, V, Y, Zn ainsi que les lanthanides. Finalement, s'insèrent entre ces deux groupes, les éléments mineurs (par exemple, le Mn : 350 à 2000mg/kg).

Les éléments traces forment donc, par définition, une fraction infime des constituants chimiques du sol. Néanmoins, ceux-ci peuvent être divisés en deux catégories fonctionnelles qui les rendent biologiquement plus pertinent [48]. En effet, certains éléments traces sont des éléments essentiels pour les plantes et les animaux (B, Cu, Cr, Co, Mo, Ni, Se, Sn, V, Zn), tandis que d'autres sont tout simplement non-essentiel voire toxiques (Ag, Cd, Hg, Pb, Sb, Ti [47, 49, 50].

I.10.2.2) SOURCES

Les sources d'éléments traces dans les sols sont multiples et la révolution industrielle a provoqué une complexification de celle-ci. Il est, néanmoins, possible de distinguer deux principaux types de sources : les sources naturelles et les sources anthropiques.

I.10.2.2.1) LES SOURCES NATURELLES

La principale source naturelle d'éléments traces dans les sols est l'altération du matériel parental, d'ailleurs, Kabata-Pendias et Mukherjee (2007) posent l'altération comme étant un des processus central gouvernant la formation des sols [50,51, 52]

L'altération est engendrée par les interactions complexes ayant lieu à la lithosphère, l'atmosphère et l'hydrosphère. Au niveau chimique, l'altération est produite lors de la consommation d'un proton et la libération subséquente d'éléments traces cationiques. Ces éléments sont alors disponibles pour participer aux divers processus géogéniques comme la coprécipitation avec les oxydes de fer ou d'aluminium, la complexassions avec les substances humiques et bien entendu la prise en charge par les végétaux [53]. Toutefois, la libération des éléments dépend de la susceptibilité des minéraux à l'altération. Alloway (1995) a dressé une liste posant l'olivine (libérant du Ni, Co, Mn, Li, Zn, Cu et Mo) comme étant le plus susceptible à l'altération, jusqu'au quartz comme étant le moins susceptible à ce processus [53]. En 2002 [54], Courchesne a établi que dans un bassin versant forestier du Québec méridional, l'altération des minéraux (granitiques) libère dans l'ordre les éléments suivant : Cd>Zn>Pb>Ni>Cr>Cu. Les autres sources naturelles d'éléments traces dans les sols incluent les sources atmosphériques naturelles. Celle-ci comprennent les sources volcaniques, les embruns, les feux de forêt, les embruns océaniques et les composantes sèchent (gaz et particules impactés sur la canopée) liées à la chute des feuilles. Selon Nriagu (1989) [55], les sources naturelles atmosphériques émettent en moyenne 12 Mmol/an de Cd, 441 Mmol/an de Cu, 551 Mmol/an de Ni, 58 Mmol/ an de Pb et 688 Mmol/an de Zn.

I.10.2.2.2) LES SOURCES ANTHROPIQUES

En 1989 [55], Nriagu a observé que les sources anthropique en éléments traces surpassaient largement les sources naturelles posant ainsi l'homme comme l'agent clé des cycles atmosphériques globaux des éléments traces. En outre, il est souvent admis que l'histoire de la contamination atmosphérique par les éléments traces est un produit de l'industrialisation récente. Or, selon Nriagu (1996) [56], elle commença dès la domestication du feu. Par la suite, le développement de la métallurgie scelle définitivement les liens entre la pollution par les métaux et l'humain. Dès l'Empire Romain, de larges quantités d'éléments furent émises dans l'atmosphère sans aucune sorte de réglementation [57, 58, 59]. De nos jours, d'autres sources anthropiques d'éléments traces se sont multipliées. Ainsi, la combustion de l'énergie fossile a été identifiée comme étant la principale source de Cr, Hg, Mn, Sb, Se, Sn et Ti dans les écosystèmes terrestres [58]. Aussi, la combustion serait responsable des rejets de Ni, V et du Pb. Finalement, la production non-ferreuse des métaux pour les hautes technologies serait la source des émissions d'As, Cd, Cu, In et Zn dans l'atmosphère. S'ajoutent à ces sources, l'utilisation de fertilisants et de pesticides, la combustion des boues d'épuration et des déchets des rejets d'industries chimiques. En somme, les émissions anthropiques de As, Cd, Hg, Ni, Pb, Sb, V et Zn dépassent 2 fois les flux des sources naturelles [55]. Subséquemment, l'homme, en concentrant, par le biais de ses activités industrielles, si singulièrement les éléments sont devenus des agents déterminants le cycle biogéochimique des éléments traces [60,61]. Ainsi, la compréhension de la dynamique des cycles biogéochimiques des éléments traces est essentielle dans l'évaluation des risques liés à leurs émissions dans les écosystèmes.

I.10.3) GENERALITES SUR LES TRANSFERTS SOL-PLANTE DES ELEMENTS TRACES

Les plantes sont exposées de deux façons aux éléments traces : par les parties aériennes et par les racines. Les éléments traces peuvent être déposés à la surface des feuilles et des racines ou pénétrer dans la plante. Ils peuvent y pénétrer par les parties aériennes (feuilles, tiges, fruits), à partir de particules en suspension dans l'air, de composés gazeux (Hg, Se) ou de composés dissous dans l'eau de pluie ou d'irrigation. Ils peuvent pénétrer par les racines à partir du sol.

Dans les zones de forte pollution atmosphérique, comme à proximité d'une industrie de fabrication d'alliages de métaux ou à côté d'une autoroute, les retombées atmosphériques de métaux sur les parties aériennes des plantes, par les pluies ou par les poussières (projections de terre polluée ou poussières émanant des industries), sont importantes. Dans ce cas, la contamination des feuilles, tiges et fruits est élevée. Une partie de cette contamination peut être enlevée par simple lavage à l'eau, ce qui montre qu'elle reste à la surface des parties aériennes en un dépôt superficiel. Une autre partie reste piégée dans les feuilles.

Dans les zones de faible pollution, le transfert des éléments traces se fait essentiellement par les parties aériennes depuis le sol vers la plante, via les racines. Les plantes supérieures prélèvent les éléments traces de l'eau ou de l'air via leurs parties aériennes et les éléments traces du sol via leurs racines. De plus, les tissus des plantes peuvent relâcher les éléments traces dans le sol et les feuilles peuvent le faire dans l'air sous forme gazeuse. Ainsi, l'accumulation des éléments traces dans les plantes dépend à la fois du prélèvement dans les tissus et du relâchée dans le milieu environnement.

I.10.3.1) PENETRATION DES ELEMENTS TRACES PAR LES PARTIES RACINAIRE

Selon Marschner (1986) [62], la prise en charge des éléments traces par les racines est caractérisée par une phase passive, suivie d'une phase active. Lors de la phase passive, les éléments de faibles masses moléculaires telles que les ions libres, les acides organiques et les amino-acides parviendraient à la racine soit par diffusion ou par mouvement de la solution de sol. La diffusion se produit lorsque les racines croissent et rencontrent de nouveaux sites d'échange d'éléments dans le sol. Cette migration des racines est soutenue par les réseaux pour parcourir dans le sol [63].

De plus, la rhizosphère (la zone près des racines) est reconnue pour engendrer un milieu propice à la solubilisation des éléments ce qui facilite la diffusion des éléments traces du sol vers les racines [64]. Ainsi, selon Marschner(1986) [62], la rhizosphère et les modifications qui y sont induites par la racine sont d'une importance cruciale pour la nutrition des plantes. Aussi, comme le montre la figure I.12 même si les propriétés du sol sont importantes pour la croissance des racines et la biodisponibilité des éléments, les conditions dans la rhizosphère et la propriété qu'ont les racines de les modifier sont décisifs pour la prise en charge des nutriments [64,65].

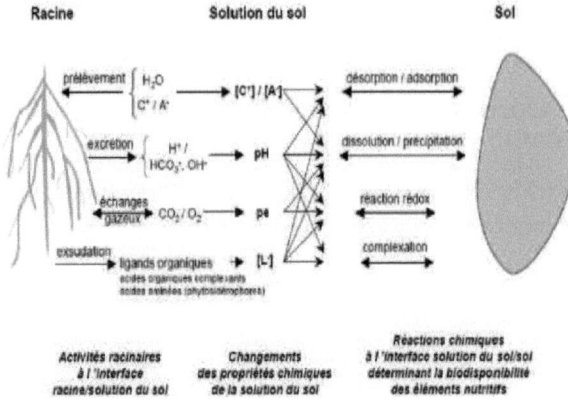

Figure I. 12 : Schéma représentant les modifications chimique induites par la rhizosphère [64, 65].

Ensuite, une fois les éléments solubilisés et près de la racine, les parois cellulaires des racines, négativement chargées, attirent préférentiellement les cations, surtout les cations divalents, tel que le Ca^{2+}, vers les sites d'échange de la racine. Au contraire, les éléments de haute masse atomique comme les chélates et les acides fulviques, seraient bloqués en raison de la faible taille diamètres des pores racinaires. Une fois ces éléments sont dans la racine, le reste du cheminement actif est contrôlé par les processus physiologiques de la plante [62].

Ainsi, ces éléments peuvent parvenir à la plante sous forme gazeuse (SO_2, NH_3 et NO_X) ou sous forme de dépôts humides [62]. Bien que la prise en charge par les feuilles soit plus rapide que la prise en charge par les racines, celle-ci contribue rarement à la croissance effective des plantes. Toutefois, des études ont montré que 73 à 95% du plomb présent dans les végétaux étudiés provenait du dépôt atmosphérique pris en charge et métabolisé par les feuilles [66].

I.10.3.2) PENETRATION DES ELEMENTS TRACES PAR LES PARTIES AERIENNES

Les éléments traces entrent dans la composition des matériaux minéraux et organo-minéraux qui composent les fines poussières présentes dans l'air, qui se déposent sur les feuilles, les tiges et les fruits.

La contamination par voie aérienne est généralement faible, sauf lorsque les retombées atmosphériques sont importantes.

Les éléments traces sous forme de poussière ou de gaz peuvent entrer directement par les stomates des feuilles. Une partie des retombées atmosphériques, solubilisée par l'eau de pluie ou d'irrigation, peut traverser la cuticule des feuilles et des fruits. Cette cuticule recouvre les organes aériens des plantes et n'existe pas sur les racines [67]. Elle fonctionne comme un faible échangeur des cations de la plus basse à la plus forte densité de charge sur la surface externe [68]. La perméabilité de la cuticule est ainsi supérieure pour les cations par rapport aux anions et le passage de ces cations est inversement proportionnel à la taille du cation hydraté [67]. La majeure partie du Cd et du Pb analysée dans les plantes a stockée sous forme insoluble. Ainsi, plusieurs paramètres ont une influence sur la pénétration des éléments traces dans les plantes, telles que : la densité, l'humidité, la température [68-69].

En effet, le problème actuel est lié directement aux usines qui sont très proches des arganiers et qui rejettent des déchets solides et liquides dans la nature sans traitement préalable. En effet, dans le but de savoir l'effet de la pollution de ces rejets, nous avons jugé utile d'étudier la répartition des métaux lourds dans l'argan pour pouvoir tirer des résultats de l'effet de ces métaux.

CHAPITRE II : EFFET DU PHOSPHORE, DU CHROME ET DU CADMIUM SUR LA CROISSANCE D'ARGANIER

II.1) INTRODUCTION

Le phosphore (P) est un élément essentiel pour tous les organismes vivants. Chez les plantes, il joue un rôle essentiel dans de nombreux processus biologiques comme la croissance [70]. Il est essentiel dans le stockage de l'énergie et sa cession aux cellules lorsque celles-ci en ont besoin. Ce processus se fait au moyen de molécules organiques complexes communément appelées ADP (adénosine diphosphate), ATP (adénosine triphosphate) et AMP (adénosine multiples phosphate).

Le phosphore est absorbé par les racines des plantes principalement sous la forme d'ions de phosphate. En effet, la majeure partie de l'absorption du phosphore se fait au niveau des racines, le reste étant absorbé par les feuilles [71].

Le phosphore existe dans le sol sous forme inorganiques et organiques. Les formes inorganiques sont associées à des composés amorphes ou cristallins d'aluminium et de fer dans les sols acides et à des composés de calcium dans les sols alcalins. Les formes organiques sont associées à la matière organique du sol [72].

Dans ce présent chapitre, on se propose d'étudier l'effet d'acide phosphorique et de quelques métaux lourds (cadmium, chrome) à différentes concentrations sur la croissance de l'arganier, afin de pouvoir trouver les conditions optimales de croissance de cet arbre et pour pouvoir essayer de tester sa croissance loin de la plaine de Souss et de l'Atlas.

Les essais ont été réalisés dans une chambre de culture pendant deux mois. Après, les arbres ont été placés ailleurs en plein air. Huit concentrations croissantes, (0.38, 0.75, 1.5 et 3M) d'acide phosphorique, et (1, 1.5, 2 et 2.5ppm) de chrome et de cadmium ont été testées afin de déterminer le seuil qui entrave la croissance. Pour l'ensemble des essais, 10 arbres ont été planté, à raison d'un arbre par concentration et deux témoins.

Notre étude consiste donc à comparer entre deux traitements, la croissance d'arganier arrosée avec la solution d'acide phosphorique et les solutions de chrome et de cadmium. Après trois ans d'arrosage, les longueurs de la tige ont été mesurées.

Les teneurs en phosphore, en chrome et en cadmium dans les parties aérienne (feuilles, bois) et dans le sol ont été déterminées par absorption atomique ICP-AES. L'analyse a été réalisée après chaque six mois à l'aide de l'appareil Ultima 2 Jobin Yvon (analyses réalisées au CNRST de Rabat Maroc).

II.2) RESULTATS ET DISCUSSION

II.2.1) EFFET DU PHOSPHORE SUR LA CROISSANCE D'ARGANIER

La taille des arbres a été mesurée une fois par six mois pendant trois ans. Les figures II.1, II.2, II.3, II.4 et II.5 représentent le classement des arbres avant et après l'arrosage pendant 36 mois.

Avant l'arrosage   **Après 36 mois d'arrosage**

Arbre S_0 est mort après une année

Figure II. 1 : Arbre (S_0) avant et après 36 mois d'arrosage (Témoin)

Avant l'arrosage   **Après 36 mois d'arrosage**

**Figure II. 2 : Arbre (A) avant et après 36 mois d'arrosage avec la solution
d'acide phosphorique (0.38M).**

Avant l'arrosage   **Après 36 mois d'arrosage**

**Figure II. 3 : Arbre (B) avant et après 36 mois d'arrosage avec la solution
d'acide phosphorique (0.75M).**

Avant l'arrosage   **Après 36 mois d'arrosage**

**Figure II. 4 : Arbre (C) avant et après 36 mois d'arrosage avec la solution
d'acide phosphorique (1.5M).**

Avant l'arrosage   **Après 36 mois d'arrosage**

**Figure II.5 : Arbre (D) avant et après 36 mois d'arrosage avec la solution
d'acide phosphorique (3M).**

Les valeurs de pH des solutions d'acide phosphorique préparées sont données dans le tableau 1.

Tableau II. 1: pH des solutions d'acide phosphorique à différentes molarités.

Solutions d'acide phosphorique	Molarité des solutions d'acide phosphorique (M)	pH
S_0	(H$_2$O de robinet)	7.33
A	0.38	2.92
B	0.75	2.66
C	1.5	2.43
D	3	1.57

La taille des arbres d'arganier avant et après l'arrosage est présentée sur le tableau II.2.

Tableau II. 2: Taille des arbres avant et après 36 mois d'arrosage.

Arbres	Taille (cm) avant l'arrosage	Taille (cm) après 6 mois	Taille (cm) après 12 mois	Taille (cm) après 18 mois	Taille (cm) après 24 mois	Taille (cm) après 30 mois	Taille (cm) après 36 mois
S_0	16.5	22.3	35	-	-	-	-
A	19	33.4	55	63.9	79.8	86.9	100
B	16	35.4	60	75.4	100	110.5	130.8
C	18	40.3	70	87.9	115	127	154.2
D	19	44.7	80	100.6	130.6	144.9	177.2

D'après les résultats du tableau II.2, on constate que la croissance d'arganier est en forte relation avec la concentration d'acide phosphorique et le temps.

En effet, l'ajout des solutions d'acide phosphorique à une concentration de 0.38M à 3M, améliore significativement la croissance des tiges d'arganier. En augmentant la concentration d'acide phosphorique, la longueur des tiges, atteint respectivement en moyenne, 100, 130.8, 154.2 et 177.2cm. Les taux de la croissance obtenus varient selon la concentration d'acide phosphorique.

La figure II.6 représente la variation de la taille des arbres avant et après 6, 12, 18, 24, 30 et 36 mois d'arrosage.

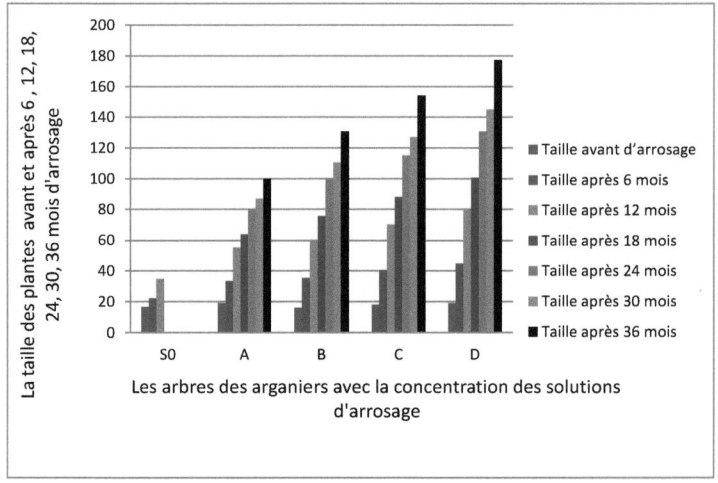

Figure II. 6: La taille des arbres avant et après l'arrosage.

Ainsi, pour les solutions de concentration élevée en phosphore, l'augmentation de la tige a été élevée. L'apparition des feuilles sur les rameaux et sur les tiges a été observée chez toutes les plantes. L'étude du pouvoir de croissance en fonction du temps montre bien l'effet de solution d'acide phosphorique sur l'intervalle de croissance. En effet, le maximum de croissance est atteint entre 18 et 36 mois pour les mêmes concentrations (tableau II.3, figure II.7). La croissance de l'axe de la tige a été observée sur la plupart des arbres, tandis que le témoin a été mort après 12 mois.

La moyenne des taux de croissance de l'axe de la tige d'arganier est calculée par la formule suivante :

$$T\% = \left\{ 1 - \frac{Tinitial}{Tfinal} \right\} \times 100$$

-$T\%$: Le taux de croissance.

-$Tinitiale$: La taille des arbres avant l'arrosage.

-$Tfinale$: La taille des arbres après l'arrosage.

Tableau II. 3 : La moyenne des taux de croissance des arganiers arrosés avec des solutions d'acide phosphorique.

Arbres	Concentration en H_3PO_4 de la solution (M)	T% après 6 mois	T% après 12 mois	T% après 18 mois	T% après 24 mois	T% après 30 mois	T% après 36 mois
S_0	0	26	52.86	-	-	-	-
A	0.38	43.11	65.45	70.26	76.19	78.14	81
B	0.75	54.80	73.33	78.78	84	85.52	87.77
C	1.5	55.33	74.29	79.52	84.35	85.83	88.33
D	3	57.49	76.25	81.11	85.45	86.88	89.27

T%= Taux de croissance

Les moyennes des taux de croissance obtenues varient entre 81 et 89.27% pour les solutions de l'acide phosphoriques dont les concentrations sont respectivement 0.38M, 0.75M, 1.5M et 3M comme le montrent le tableau II.3, la figure II.7 et la figure II.8.

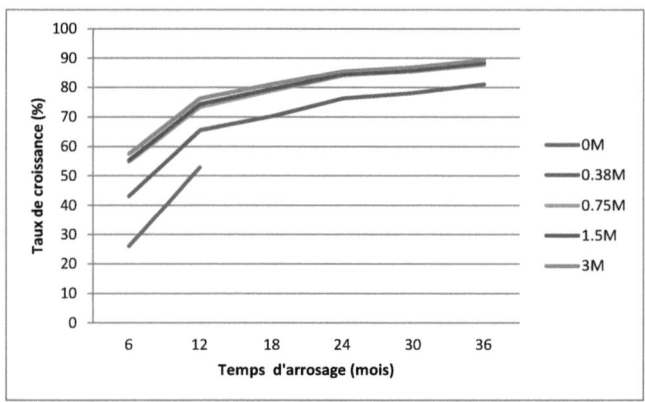

Figure II. 7 : Evolution de la croissance en fonction du temps.

La figure II.7 représente la moyenne des taux de croissances des arganiers en fonction du temps d'arrosage.

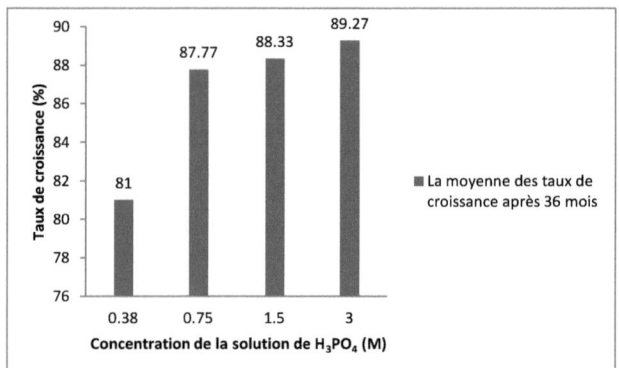

Figure II. 8 : Taux de croissance des tiges des arganiers en fonction de la concentration de H_3PO_4.

Selon la figure II.8, on constate que le pouvoir de croissance des arganiers augmente avec l'augmentation de la concentration de l'acide phosphorique.

II.2.1.1) CARACTERISATION DES MATAUX LOURDS ET OLIGOELEMENTS

Pour estimer l'importance relative de transfert et l'apport du phosphore, du chrome et du cadmium sur l'arganier, nous avons utilisé la méthode statistique qui est l'analyse en composantes principales. Les résultats de cette analyse chimiométrique reportés sur les tableaux (II.4, II.5) et la figure II.9, nous ont permis de montrer les liens et les corrélations existantes entre les différents paramètres physico-chimiques étudiés dans les différentes parties des arganiers. En effet, le tableau II.5 représente la matrice de corrélation entre les paramètres physico-chimiques déterminés. D'après les résultats de cette matrice, nous avons tiré les conclusions suivantes :

- les arganiers sont caractérisés par de fortes concentrations en P, en Al, en Ca, en Fe, en K et en Mg comme le montre le tableau II.4.

- le phosphore dans l'arganier corrèle positivement avec le cadmium et le chrome dont les coefficients de corrélation sont respectivement 0,854 et 0,635. Le chrome et le cadmium corrèlent négativement avec Al, Fe, K, Mg, et Mn.

- le K et le Mg corrèlent positivement d'une façon très significativement avec Al, Ca et Fe. Le Mn et le Zn sont corrélés positivement d'une façon très significative avec Al, Ca, Fe, K, Mg et Cu. La figure II.9 représente la projection de l'ensemble des paramètres sur le plan formé par les composantes principales, qui permettra de décrire la variabilité du nuage de point correspondant aux paramètres physico-chimiques. L'axe 1 explique (21,6%) d'inertie, défini par le phosphore, le chrome et le cadmium. L'axe 2 représente (62,9%) d'inertie et défini par les éléments Ca, Cu, Zn, Mg, K, Al, Mn et Fe. En plus, cette figure montre une singularisation de deux groupes dont l'un est formé par Ca, Cu, Zn, Mg, K, Al, Mn et Fe et l'autre est formé par Cr, Cd et P. Ceci prouve que la croissance des arganiers est déterminée par le transfert du phosphore, du chrome et du cadmium du sol vers l'arbre alors que les autres éléments déterminent la richesse en composition minérale du milieu [73].

Tableau II. 4 : Teneurs de quelques métaux lourds et oligoéléments dans les feuilles, le bois et le sol des arganiers arrosés avec la solution de phosphore.

Arbres		Cd (ppm)	Cr (ppm)	P (ppm)	Al (ppm)	Ca (ppm)	Fe (ppm)	K (ppm)	Mg (ppm)	Cu (ppm)	Mn (ppm)	Zn (ppm)
S0	Feuilles	0.105	24.392	671.869	166.1691	5203.7868	223.6868	5374.3561	3532	11.282	28.3363	15.7419
	Bois	0.757	15.196	596.617	123.8286	2851.4555	136.5922	8342.9914	1665.772	7.7495	10.4099	22.0984
	Sol	0.218	9.211	581.3359	24888.883	5776.2261	32981.972	47347.996	9803.755	24.681	686.986	127
A	Feuilles	0.275	32.229	1372.747	183.0591	5615.2384	271.7823	6930.869	2217.926	3.051	330.044	17.2662
	Bois	0.306	20.076	525.794	122.2987	1642.1862	108.2372	18374.485	707.8074	2.142	224.94	19.74
	Sol	0.215	9.5266	1266.921	24010.798	6676.8707	30701.059	49533.646	9425.985	17.953	520.643	101.035
B	Feuilles	0.284	35.242	1702.94	238.1569	3626.5922	275.6356	18852.092	1752.097	7.2521	33.9683	10.8575
	Bois	0.346	16.242	1214.265	246.2383	2963.439	218.676	11190.24	1253.658	11.318	5.0254	14.9727
	Sol	0.298	14.011	2105.458	18757.262	4155.1280	22322.762	44331.768	5529.604	22.861	520.643	111.04
C	Feuilles	0.981	33.092	1611.68	275.9484	3080.8722	988.11	7502.6051	2258.921	9.0827	1.0168	22.06
	Bois	0.488	16.046	1537.393	172.2476	2947.2298	888.6777	8664.8603	1477.092	7.6879	17.1643	26.07
	Sol	0.836	18.541	8899.639	24570.887	4933.6538	27933.335	50144.661	8040.854	21.787	557.006	143.089
D	Feuilles	0.994	37.354	1835.04	158.8782	5481.1666	618.4068	8436.0823	3024.007	7.957	43.9781	10.759
	Bois	0.57	14.344	2531.347	189.6049	1658.2660	108.2315	8851.8595	783.231	5.7804	7.7269	28.949
	Sol	0.923	35.638	13449.73	22848.047	6066.2408	27198.149	51659.969	7344.959	23.705	436.424	141.185

Tableau II. 5 : Matrice de corrélation entre les paramètres physico-chimiques analysés dans l'arganier.

	Cd	Cr	P	Al	Ca	Fe	K	Mg	Cu	Mn	Zn
Cd	1,000										
Cr	0.441	1.000									
P	0.854	0.635	1.000								
Al	-0.009	-0.346	0.169	1.000							
Ca	-0.060	0.163	0.293	0.627	1.000						
Fe	-0.034	-0.364	0.147	0.997	0.639	1.000					
K	-0.030	-0.299	0.157	0.977	0.546	0.969	1.000				
Mg	-0.049	-0.283	0.180	0.955	0.778	0.965	0.895	1.000			
Cu	0.036	-0.297	0.221	0.924	0.588	0.920	0.885	0.890	1.000		
Mn	-0.190	-0.332	0.012	0.917	0.616	0.918	0.898	0.876	0.774	1.000	
Zn	0.028	-0.311	0.157	0.877	0.350	0.865	0.909	0.767	0.745	0.865	1.000

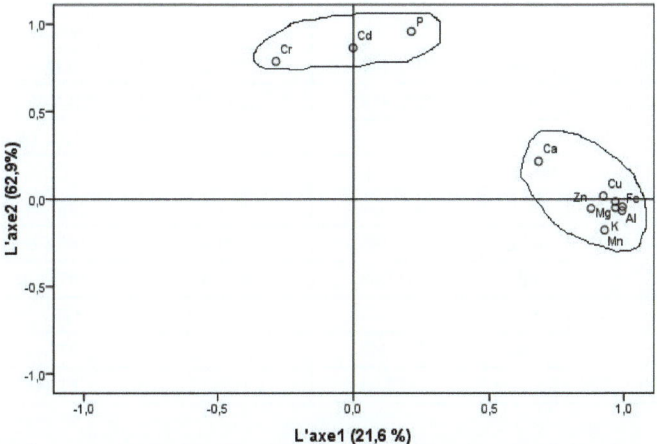

Figure II. 9 : Projection de l'ensemble des variables sur le plan formé par les deux composantes principales des arganiers étudiés.

Pour pouvoir déterminer la répartition du phosphore entre les différentes parties de
l'arbre et son effet sur la croissance de ces derniers, une caractérisation a été faite sur le
phosphore à différentes dates.

II.2.1.2) REPARTITION DU PHOSPHORE A DIFFERENTE DATE

Les résultats d'analyse des teneurs en phosphore dans les différentes parties
d'arganier (sol, bois, feuilles) à différentes périodes (24/04/2008, 23/10/2008,
18/06/2009) sont représentés dans le tableau II.6.

**Tableau II. 6 : Les résultats d'analyse du phosphore dans les différentes
parties d'arganier à différentes périodes.**

Concertation des solutions d'arrosage	Arbres		P(*ppm*)24/04/2008	P(*ppm*)23/10/2008	P(*ppm*)18/06/2009
		Sol	581.3359		
0M	S0	Bois	596.617		
		Feuilles	671.869		
		Sol	1266.921	1286.2	1681.09
0.38M	A	Bois	525.794	597.65	609.79
		Feuilles	1372.747	1390.65	1412
		Sol	2105.458	2203.11	2105.458
0.75M	B	Bois	1214.265	1223.43	1214.265
		Feuilles	1702.94	1710	1702.94
		Sol	8899.639	8899.87	9087.91
1.5M	C	Bois	1537.393	1590.91	1621.93
		Feuilles	10611.68	10687.17	10731.8
		Sol	13449.73	13674.09	13749.75
3M	D	Bois	2531.347	2620.13	2731.47
		Feuilles	14835.04	14983	17540

Selon les résultats du tableau II.6, on observe que dans la plupart des arbres qui
sont arrosés avec des solutions contenant l'acide phosphorique, la quantité du phosphore

est élevée par rapport au témoin. Cette augmentation est proportionnelle à la
concentration de la solution d'arrosage comme l'indique la figure II.10.

Les résultats d'analyse ont montré que le temps d'arrosage a un effet significatif
sur la teneur du phosphore. En effet, la concentration du phosphore après 3ans d'arrosage
est élevée.

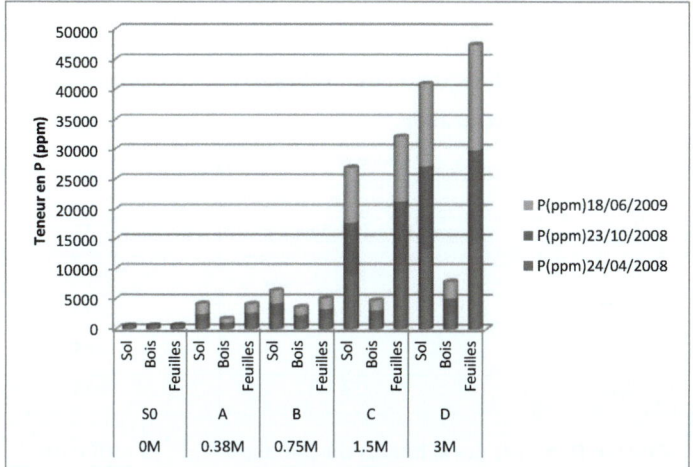

**Figure II. 10 : Teneur du phosphore en fonction du temps et de la
concentration de H$_3$PO$_4$.**

La figure II.10 montre que la teneur en phosphore est maximale dans les feuilles,
suivi par le sol et enfin les bois (feuilles > sol > bois). En effet, les feuilles reçoivent des
grandes quantités de phosphore, car elles transpirent plus que les bois. Le sol accumule
plus de phosphore que le bois.

II.2.2) EFFET DU CHROME ET DU CADMUIM SUR LA CROISSANCE D'ARGANIER

En deux premiers mois, l'ajout du chrome et du cadmium à une concentration de 1ppm à 2.5ppm n'améliore pratiquement pas la croissance des tiges. L'apparition des feuilles sur les rameaux et les tiges n'est observée que sur 20% des arbres.

Les valeurs de pH du chrome et du cadmium préparés sont données dans les tableaux (II.7, II.8).

Tableau II. 7 : pH des solutions du chrome (Cr^{+3}) à différente concentration.

Solutions du chrome	Concentration des solutions du chrome (ppm)	pH
S'$_0$	(H_2O de robinet)	7.33
A'	1	6.51
B'	1.5	6.17
C'	2	6.08
D'	2.5	5.78

Tableau II. 8 : pH des solutions du cadmium (Cd^{+2}) à différente concentration.

Solutions du cadmium	Concentration des solutions du cadmium (ppm)	pH
S'$_0$	(H_2O de robinet)	7.33
A'	1	6.61
B'	1.5	4.13
C'	2	6.67
D'	2.5	6.66

Les résultats de la taille des arbres d'arganier et les moyennes des taux de croissance obtenues varient de 1.05% pour le témoin et de 0.39, 0.25, 0.21 et 0.19% pour les arbres arrosés comme le montre dans le tableau II.9. Ces arbres sont morts après deux mois d'arrosage.

Tableau II. 9 : Taille des arbres avant et après deux mois d'arrosage.

Arbres	Concentration des solutions du chrome et du cadmium (ppm)	Taille (cm) avant l'arrosage	Taille (cm) après 2 mois d'arrosage	Taux de croissance T%
S'$_0$	(H$_2$O de robinet)	28.3	28.5	1.05
A'	1	51.5	51.7	0.39
B'	1.5	39.5	39.7	0.25
C'	2	33.2	33.4	0.21
D'	2.5	52	52.1	0.19

Dans le but de la quantification des effets des métaux lourds (Cr, Cd) sur la croissance des arbres, nous avons déterminé les teneurs en Cr et en Cd dans les feuilles, le bois et le sol.

II.2.2.1) REPARTITION DU CHROME ET DU CADMUIM

Les résultats de l'analyse ont montré que la teneur en Cr et en Cd dans les feuilles, le bois et le sol est faible. Le chrome est l'élément le plus abondant que le cadmium dans les feuilles, le bois et le sol comme le montre les résultats du tableau II.10 et la figure II.11.

Tableau II. 10 : Teneurs en cadmium et en chrome en deux premiers mois d'arrosage dans les feuilles, les bois et le sol des arganiers arrosés avec des solutions de chrome et de cadmium.

Concentration des solutions	Arbres		Cd (*ppm*)	Cr (*ppm*)
(H2O de robinet)	S'$_0$	Feuilles	1.1046	3.887
		Bois	0.7565	5.324
		Sol	0.2184	39.5875
1PPM	A'	Feuilles	0.2746	7.7309
		Bois	0.3062	1.7957
		Sol	0.2151	52.305
1.5PPM	B'	Feuilles	0.2736	2.5676
		Bois	0.3075	1.4429
		Sol	7.7242	51.4839
2PPM	C'	Feuilles	0.2844	3.6699
		Bois	0.3461	4.871
		Sol	8.2981	49.1382
2.5PPM	D'	Feuilles	0,2871	29.3001
		Bois	0.2662	6.3375
		Sol	0.476	51.7069

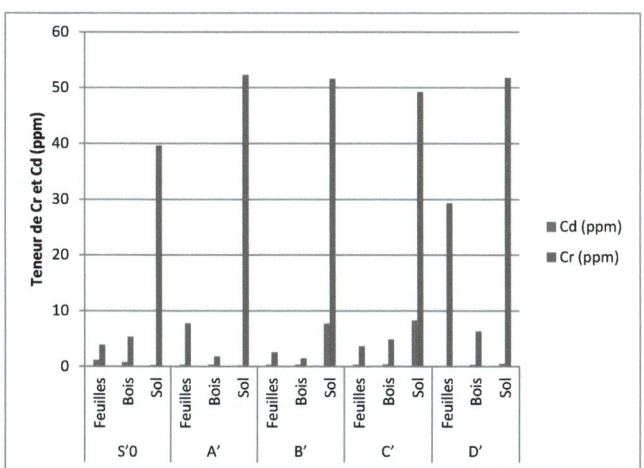

**Figure II. 11 : Teneur en chrome et en cadmium en deux premier mois
d'arrosage dans les différentes parties d'arganier.**

D'après la figure II.11, on remarque que la teneur en chrome et cadmuim est maximale dans le sol, suivi par les feuilles et enfin les bois (sol > feuilles > bois). En effet le sol accumule plus les métaux lourds (Cr, Cd) que les feuilles et le bois.

II.3) CONCLUSION

L'objectif de chapitre est l'étude de l'influence d'acide phosphorique, du chrome et du cadmium sur la croissance des arbres d'arganier.

Les résultats obtenus montrent que les concentrations d'acide phosphorique ont un effet positif sur la croissance des arbres d'arganier étudié, tandis que la présence de métaux lourds (Cr, Cd) limite le développement et conduit ainsi à une croissance ralentie voire un arrêt complet de l'arbre et entraine sa mort au bout de quelques semaines. En effet, les moyennes des taux de croissance de ces arbres obtenues ont montré que le pouvoir de croissance augmente avec l'augmentation de la concentration de l'acide phosphorique. Pour pouvoir déterminer la répartition du phosphore entre les différentes parties de l'arbre et son effet sur la croissance de ces derniers, nous avons déterminé la teneur en phosphore dans les feuilles, le bois et le sol d'arganier. Les résultats de cette répartition ont montré que le temps et la concentration des solutions d'arrosage ont un effet significatif sur l'augmentation de la teneur en phosphore dans les arganiers.

En plus, l'accumulation du phosphore est plus élevée dans les feuilles que le sol et la présence de quantités importantes du chrome et du cadmium conduit au mort de l'arbre.

Les résultats de l'ACP ont montré une singularisation de deux groupes dont l'un est formé par Ca, Cu, Zn, Mg, K, Al, Mn et Fe et l'autre est formé par Cr, Cd et P. Ceci prouve que la croissance des arganiers est influencée par le transfert du phosphore du sol vers l'arbre alors que les autres éléments déterminent la richesse en composition minérale du milieu.

CHAPITRE III : MODELISATION ET OPTIMISATION DU TRANSFERT DE CERTAINS METAUX LOURDS ET OLIGOELEMENTS DANS L'ARGANIER

III.1 : INTRODUCTION

Ce chapitre constitue une contribution à l'étude du suivi du comportement physico-chimique de certains métaux lourds et oligoéléments dans l'arganier et la caractérisation physico-chimique du sol. Les échantillons d'arganier ont été récoltés des petits arbres*, à raison de trois échantillons (sol, bois, feuilles) par arbre. La teneur des différents métaux lourds et oligoéléments dans les parties aériennes (feuilles, bois) et dans le sol d'arganier a été analysée par la méthode ICP-AES après avoir bien lavées à l'eau distillée, séchées à l'étuve puis broyées, incinérées et minéralisées les feuilles, le bois et le sol [74]. Les résultats d'analyse des données concernant les variables chimiques ont été déterminés sur plusieurs arbres et à différentes dates. Le traitement des résultats d'analyse a été fait à l'aide d'une méthode statistique qui est l'analyse AFM (analyse factorielle multiple) qui est une méthode factorielle adaptée au traitement des tableaux dans lesquels un ensemble d'individus est décrit par plusieurs groupes de variables [75]. Cette méthode permet de réaliser une analyse conjointe des individus qui sont les arbres avec groupes de variables qui sont les métaux lourds et les oligoéléments. Elle consiste à trouver des facteurs communs aux groupes et comparer les individus vus par chacun de ces groupes. Les données sont normalisées dans cette analyse. Le coefficient de régression des variables RV est un critère qui mesure la corrélation entre plusieurs variables [76].

L'objectif de cette étude est de déterminer les teneurs des métaux lourds et des oligoéléments dans les différentes parties de l'arganier (sol, bois, feuilles) pour pouvoir déterminer une approche de modélisation de cette répartition en déterminant les différentes corrélations entre les différents paramètres et les différentes concentrations de ces composés.

Arbres plantés dans la pépinière de la faculté des sciences Agdal-Rabat

III.2) RESULTATS ET DISCUSSION

III.2.1) CARATERISATION PHYSICO-CHIMIQUE DU SOL D'ARGANIER

Les propriétés physico-chimiques du sol étudié sont présentées dans le tableau III.1.

Tableau III. 1 : Propriétés physicochimiques du sol étudié.

Echantillon	Region	pH Eau	pH KCl	N%	C%	MO%	P_2O_5 ppm	Argil%	Limon fin%	Limon grossier%	Sable fin%	Sable grossier%
Sol	Rabat	6.3	6.1	0.078	1.73	2.98	6.71	16.34	3.52	9.20	34.32	36.62

D'après le tableau III.1, le sol présente un faciès essentiellement sablo-grossier avec un pourcentage en sable de 36.62%. Le sol étudié est plus riche en argile (16.34%).

Le pH du sol est légèrement basique. Il est de 6.3 dans l'eau et de 6.1 dans KCl.

Le sol montre des pourcentages faible en carbone total (1.73 %) et en azote (0.078%). Ceci est dû à la faible présence des carbonates encaissant la minéralisation. Le sol est riche en matière organique, le pourcentage en MO est de 2.98 %.

III.2.2) MODELISATION ET OPTIMISATION DE TRANSFERT DE CERTAINS METAUX LOURDS ET OLIGOELEMENTS DANS LES ARBRES D'ARGANIER.

Les résultats d'analyse des teneures métalliques dans les différentes parties d'arganier à différentes périodes sont représentés sur les tableaux III.2, III.3 et III.4. Ces tableaux de 15 lignes (individus) et 33 colonnes qui représentent respectivement les arbres (S0, A, B, C, D) avec les trois dates de mesure (avril 2008, octobre 2008, juin 2009) et les résultats d'analyse des métaux lourds et les oligoéléments structurées en 3 groupes : feuille, du bois et du sol. De cette variation, une étude préliminaire a montré que le potassium est l'élément le plus abondant dans le sol, le bois et dans les feuilles. Parmi les autres métaux analysés, le calcium occupe la deuxième position dans le bois et dans les feuilles, alors que dans le sol, le fer occupe la deuxième position. Par ailleurs, la richesse en potassium et en calcium des feuilles et des bois d'arganier analysés reflète parfaitement la richesse du sol en ces éléments comme la montre les figures III.1, III.2 et III.3. Le cadmium est l'élément le moins abondant dans le sol, le bois et les feuilles des arganiers. Le phosphore est l'élément le plus abondant dans les feuilles des arganiers. Comme pour le potassium, la richesse des feuilles en phosphore reflète parfaitement l'état minéral des sols de la réserve.   En effet, la comparaison entre la richesse minérale des feuilles, du bois et du sol permet de répartir les éléments minéraux en trois groupes : le groupe 1 est constitué par Al, Ca, Fe, Mg, Mn et Cu. Dans ce groupe le sol présente les concentrations les plus élevées dans la plupart des arbres. Il est suivi par les feuilles et le bois dont l'ordre de classement est : sol > feuilles > bois. Le groupe 2 comporte le potassium et le zinc. Pour ces éléments le bois prend la deuxième position après le sol (sol > bois > feuilles). Enfin, pour le groupe 3, l'analyse a montré que le phosphore se trouve dans les feuilles suivi par le sol et le bois (feuilles> sol > bois). Toutefois, la répartition de la plupart des métaux dans les différentes parties de prélèvement montre que le sol est celui qui accumule plus des métaux analysés dans l'arganier.

Tableau III. 2 : Résultats de l'analyse des différents métaux lourds et oligoéléments dans les trois parties des arganiers (après un mois d'arrosage).

Arbres		Cd (ppm)	Cr (ppm)	P (ppm)	Al (ppm)	Ca (ppm)	Fe (ppm)	K (ppm)	Mg (ppm)	Cu (ppm)	Mn (ppm)	Zn (ppm)
S0	Feuilles	0.105	24.392	671.869	166.1691	5203.7868	223.6868	5374.3561	3532	11.282	28.3563	15.7419
	Bois	0.757	15.196	596.617	123.8286	2851.4555	136.5922	8342.9914	1665.772	7.7495	10.4099	22.0984
	Sol	0.218	9.211	581.3359	24888.883	5776.2261	32981.972	47347.996	9803.755	24.681	686.986	127
A	Feuilles	0.275	32.229	1372.747	183.0591	5615.2384	271.7823	6930.869	2217.926	3.051	330.044	17.2662
	Bois	0.306	20.076	525.794	122.2987	1642.1862	108.2372	18374.485	707.8074	2.142	224.94	19.74
	Sol	0.215	9.5266	1266.921	24010.798	6676.8707	30701.059	49533.646	9425.985	17.953	520.643	101.035
B	Feuilles	0.284	35.242	1702.94	238.1569	3626.6912	275.6356	18852.092	1752.097	7.2521	33.9683	10.8575
	Bois	0.346	16.242	1214.265	246.2383	2963.439	218.676	11190.24	1253.658	11.318	5.0254	14.9727
	Sol	0.298	14.011	2105.458	18757.262	4155.1280	22322.762	44331.768	5529.604	22.861	520.643	111.04
C	Feuilles	0.981	33.092	1611.68	275.9484	3080.8722	988.11	7502.6051	2258.921	9.0827	1.0168	22.06
	Bois	0.488	16.046	1537.393	172.2476	2947.2298	888.6777	8664.8603	1477.092	7.6879	17.1643	26.07
	Sol	0.836	18.541	8899.639	24570.887	4933.6538	27933.335	50144.661	8040.854	21.787	557.006	143.089
D	Feuilles	0.994	37.354	14835.04	158.8782	5481.1666	618.4068	8436.0823	3024.007	7.957	43.9781	10.759
	Bois	0.57	14.344	2531.347	189.6049	1658.2660	108.2315	8851.8595	783.231	5.7804	7.7269	28.949
	Sol	0.923	35.638	13449.73	22848.047	6066.2408	27198.149	51659.969	7344.959	23.705	436.424	141.185

Tableau III. 3 : Résultats de l'analyse des différents métaux lourds et oligoéléments dans les trois parties des arganiers (après six mois).

Arbres		Cd (ppm)	Cr (ppm)	P (ppm)	Al (ppm)	Ca (ppm)	Fe (ppm)	K (ppm)	Mg (ppm)	Cu (ppm)	Mn (ppm)	Zn (ppm)
S0	Feuilles	0.11	24.392	671.869	166.1691	5203.7868	223.6868	5374.3561	3532	11.28	28.36	15.7419
	Bois	0.76	15.196	596.617	123.8286	2851.4555	136.5922	8342.9914	1665.772	7.76	10.48	22.09
	Sol	0.21	9.211	581.3359	24878.37	5776.2261	32990.01	47347.996	9808.6	24.66	686.91	127.2
A	Feuilles	0.21	34.01	1390.65	190	5615.2384	290.09	6930.869	2223.1	3.76	341	17.63
	Bois	0.32	20.12	597.65	122.01	1642.1862	113.35	18374.485	705.99	2.17	232.03	19.71
	Sol	0.27	9.5266	1286.2	24632	6676.8707	30776.91	49533.646	9495.71	18.09	531.3	101.31
B	Feuilles	0.28	35.242	1710	253.51	3626.5922	291.01	18852.092	1787.87	7.84	34.07	10.88
	Bois	0.37	16.242	1223.43	274.07	2963.439	237	11190.24	1283.53	11.97	5.06	14.98
	Sol	0.298	14.36	2203.11	19005.13	4155.1280	22400	44331.768	5545.09	21.41	530.03	113.2
C	Feuilles	0.98	34.12	10687.17	279.44	3080.8722	991	7502.6051	2283	9.93	1.02	22.06
	Bois	0.5	16.91	1590.91	175.47	2947.2298	901.76	8664.8603	1500.1	7.69	17.21	26.07
	Sol	0.88	19.11	8899.87	24670.56	4933.6538	28001.25	50144.661	8087.57	23.71	557.87	143.08
D	Feuilles	0.99	37.51	14983	159.5	5481.1666	634.08	8436.0823	3064	8.19	44.37	10.77
	Bois	0.61	14.48	2620.13	188.99	1658.2660	120.08	8851.8595	786.19	5.96	7.81	28.98
	Sol	0.92	35.4	13674.09	22896.17	6066.2408	27234	51659.969	7376.51	24.19	467.13	141.53

Tableau III. 4 : Résultats de l'analyse des différents métaux lourds et oligoéléments dans les trois parties des arganiers (après 14 mois).

Arbres		Cd (ppm)	Cr (ppm)	P (ppm)	Al (ppm)	Ca (ppm)	Fe (ppm)	K (ppm)	Mg (ppm)	Cu (ppm)	Mn (ppm)	Zn (ppm)
S0	Feuilles	0.105	24.392	671.869	166.1691	5203.7868	223.6868	5374.3561	3532	11.282	283.3563	15.7419
	Bois	0.757	15.196	596.617	123.8286	2851.4555	136.5922	8342.9914	1665.772	7.7495	10.4099	22.0984
	Sol	0.218	9.211	581.3359	24888.883	5776.2261	32981.972	47347.996	9803.755	24.681	686.986	127
A	Feuilles	0.4	42.22	1412	196.91	5615.2384	327.78	6893.87	2387.13	3.9	339.87	17.8
	Bois	0.48	23.79	609.79	122.17	1642.1862	137.72	19000.61	765.12	4.67	391	19.76
	Sol	0.67	15.54	1681.09	24564.99	6676.8707	30830.93	49567.54	9567.85	18.53	543.43	101.05
B	Feuilles	0.284	38.46	1702.94	238.1569	3626.5922	275.6356	18852.092	1752.097	7.2521	33.9683	10.8575
	Bois	0.41	18.98	1214.265	246.2383	2963.439	218.676	11190.24	1253.658	11.318	5.0254	14.9727
	Sol	0.91	15.23	2105.458	18757.262	4155.1280	22322.762	44331.768	5529.604	22.861	520.643	111.04
C	Feuilles	1.83	56.1	10731.8	297.63	3080.8722	1071.41	7892.03	2341.91	9.9	1.16	22.91
	Bois	0.69	21.03	1621.93	179.76	2947.2298	915.33	8876.4	1765.87	8.08	17.16	26.34
	Sol	0.91	20.61	9087.91	2553.87	4933.6538	28501.4	51167.45	8203.54	29.76	559.16	143.78
D	Feuilles	1.05	43.76	17540	162.87	5481.1666	638.41	8436.78	3274.07	9.14	50.83	12.55
	Bois	0.96	11.35	2731.47	189.6	1658.2660	131.45	8893.76	779.98	6.78	8.26	29.4
	Sol	1.67	35.638	13749.75	23345.43	6066.2408	27498	51659.04	7384.87	29.91	491.27	144.83

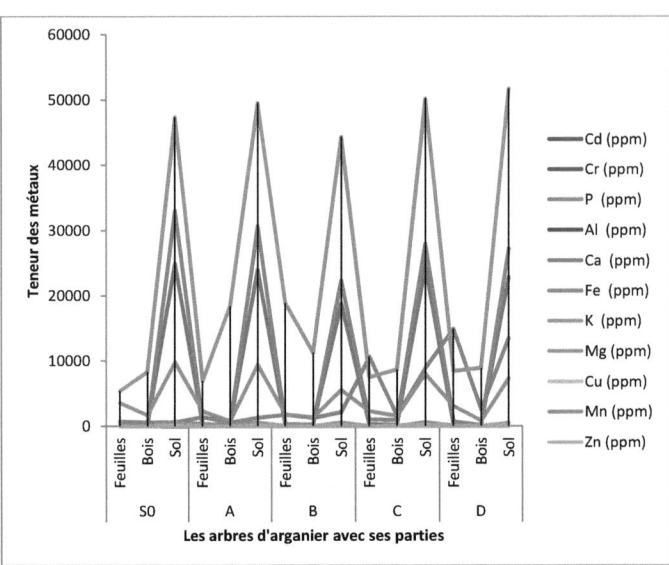

**Figure III. 1 : Représentation des différents teneurs des métaux lourds et
oligoéléments dans le bois, les feuilles et le sol de l'arganier
(après un mois)**

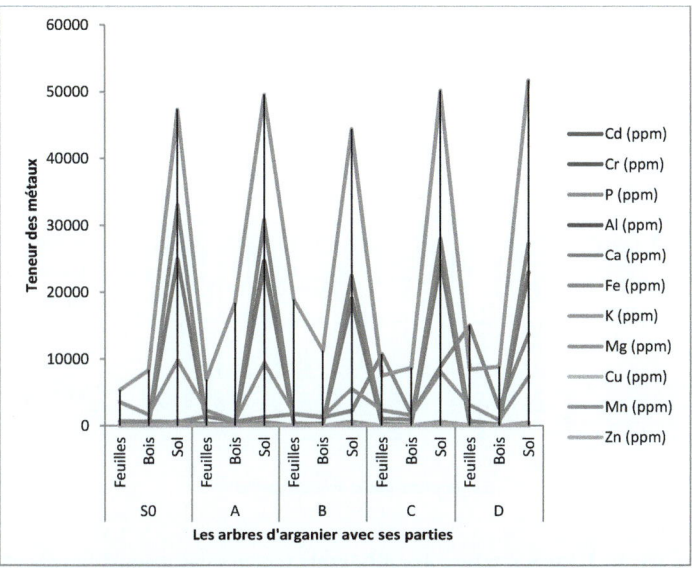

**Figure III. 2 : Représentation des différents teneurs des métaux lourds et
oligoéléments dans le bois, les feuilles et le sol de l'arganier
(après six mois)**

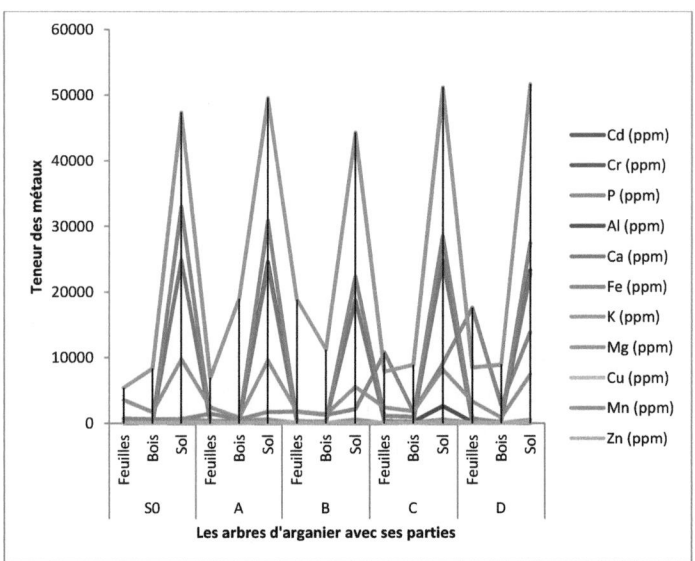

Figure III. 3 : Représentation des différents teneurs des métaux lourds et oligoéléments dans le bois, les feuilles et le sol de l'arganier (après 14 mois)

Pour toutes les parties d'arganier, nous avons calculé le coefficient de régression des variables RV dont les résultats sont présentés sur le tableau III.5 qui montre que ce coefficient entre sol et les feuilles est assez élevé. Le groupe bois est moins corrélé avec les deux autres groupes. Il est cependant difficile d'en tirer des renseignements. Nous avons procédé par la suite l'étude par l'analyse en composantes principales qui a été menée en utilisant 11 variables (les métaux lourds et les oligoéléments). Pour les composantes principales, nous avons retenu 4 composantes qui expliquent 85% de l'inertie totale qui sont données dans le tableau III.6.

Tableau III. 5: Valeurs de coefficient RV (régression des variables) dans les différentes parties d'arganier.

	Feuilles	Bois	Sol
Feuilles	1.0000000		
Bois	0.5164048	1.0000000	
Sol	0.7145771	0.4881864	1.0000000

Tableau III. 6 : Composantes principales de l'étude.

	Valeur propre	Inertie	Inertie cumulée
Comp1	2.23	30.64	30.64
Comp2	1.68	23.00	53.64
Comp3	1.37	18.75	72.39
Comp4	0.92	12.68	85.07

Afin de déterminer les corrélations entre la teneur des métaux analysés, d'une part, et la variation spatio-temporelle d'autre part, l'ensemble des données analytique concernant les métaux étudiés a été soumis à une analyse en composantes principales.

Pour calculer la décomposition de l'inertie de chaque composante principale selon chaque groupe, nous avons utilisé la méthode statistique qui est normée l'analyse factorielle multiple (AFM).

Tableau III. 7 : Décomposition de l'inertie totale par groupe (%).

	Dim.1	Dim.2	Dim.3	Dim.4
Feuilles	35.07630	36.17980	28.77679	62.98865
Bois	25.33440	27.64914	45.51514	19.80726
Sols	39.58930	36.17106	25.70807	17.20409

Les résultats de cette analyse mathématique ont montré que les quatre composantes principales (P1. P2. P3. P4) totalisent 85% de l'information avec des pourcentages d'inertie respectivement de 30.64%, 23%, 18.75% et 12.68%. Les autres composantes contribuent faiblement par rapport à l'inertie totale et ne seront pas prise en considération pour l'analyse des métaux. Pour les 2 premiers facteurs, les inerties dues aux groupes feuille et sol sont équilibrées.

L'inertie totale est assez élevée pour le groupe bois pour le troisième facteur et est complètement dépendante du groupe feuille pour le facteur 4. Pour une bonne lecture des plans factoriels, les sigles utilisés représentent chaque arbre avec la date de mesure, par exemple: D3 : arbre D, date 3 (juin 2009). Seules les variables qui ont une corrélation avec les axes supérieure à 0.7 apparaissent dans les plans factoriels.

La figure III.4 (plan (1, 2)) montre des différences importantes entre les arbres, les dates de mesure étant quant à elles assez regroupées pour chaque arbre. Les arbres C et D sont proches tandis que les arbres A, B et S_0 sont dispersés sur le plan. Pour le facteur (1,2), on constate une opposition marquée entre l'arbre A avec les arbres C et D : La position de l'arbre A est expliquée par sa plus grande richesse en manganèse et potassium, essentiellement au niveau des feuilles et du bois et quelque soit la date de mesure. Les arbres C et D sont beaucoup plus caractérisés par plusieurs composantes chimiques, tels que le phosphore et le cadmium. La différence est plus accentuée à la date 3 (juin 2009).

L'axe 2 oppose l'arbre S_0 qui est plus riche en magnésium, surtout à la date 3, à l'arbre B plus riche en potassium. L'arbre B à la date 2 (octobre 2008) est plus riche en manganèse que B1 et B3.

La figure III.5 (plan (1,4)) montre la différence qui existe entre l'arbre C et l'arbre D. L'arbre C est beaucoup plus riche en aluminium, en fer et en calcium au niveau de la feuille et en fer au niveau du bois. La différence est aussi plus prononcée à la date 3.

La figure III.6 (plan (3,4)) permet de bien séparer les arbres. L'axe 4 oppose d'un côté les arbres de forte concentration en potassium du sol (Arbre A) à ceux à forte concentration en cuivre du bois, Les arbres S_0 et B sont plus étalés le long de cet axe. Contrairement aux arbres C et D, les arbres A, B et S_0 ne sont pas influencé par le plan (1.3). La figure III. 7 (plan (1.3)) montre que l'arbre A est riche en manganèse au niveau des feuilles et du bois à différentes périodes des récoltes.

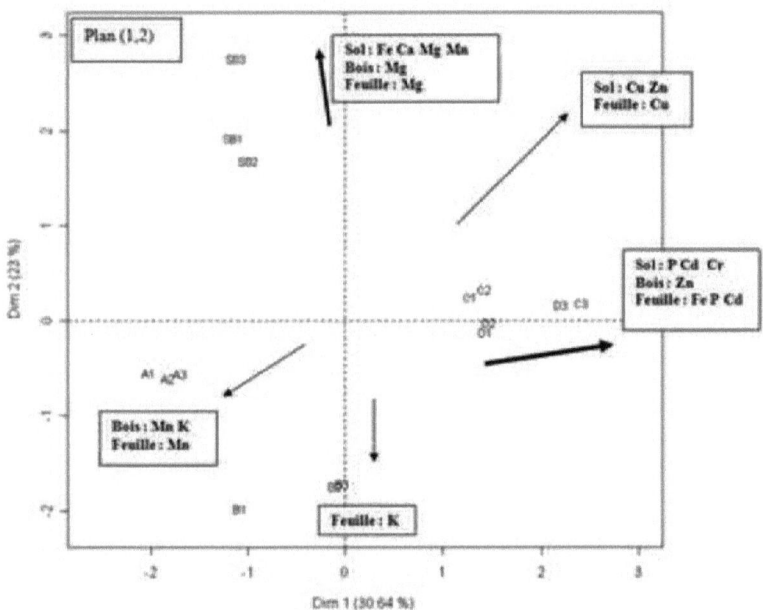

Figure III. 4 : Projection du plan P1× P2 en analyse factorielle normalisée des teneurs en métaux lourds et oligoéléments des arganiers à différentes dates.

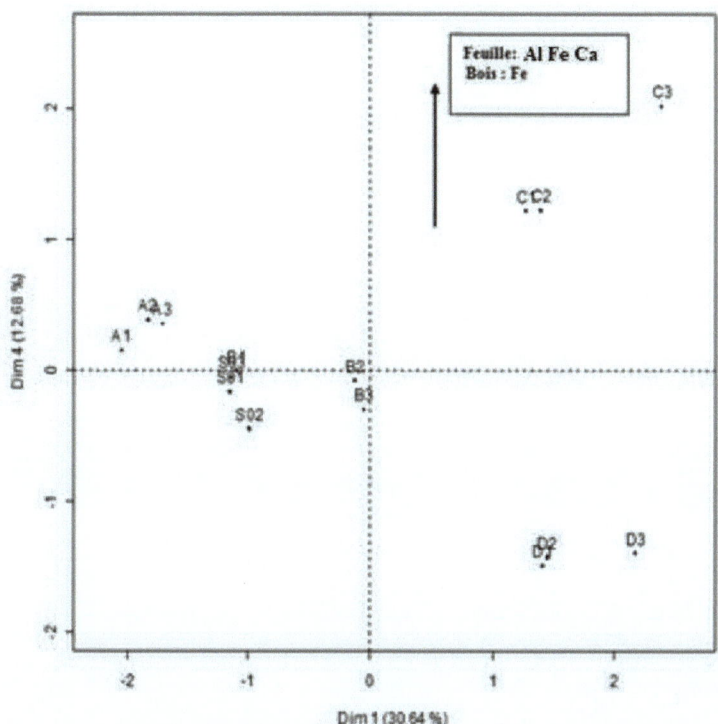

**Figure III. 5 : Projection du plan P1× P4 en analyse factorielle normalisée des
teneurs en métaux lourds et oligoéléments entre les arbres C et
D.**

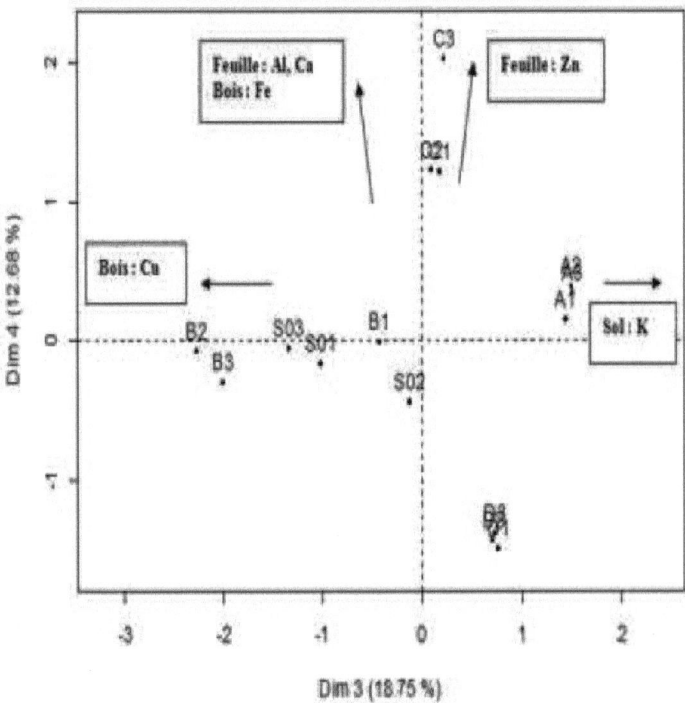

**Figure III. 6 : Projection du plan P3× P4 en analyse factorielle normalisée des
teneurs en métaux lourds et oligoéléments des arganiers à
différentes dates.**

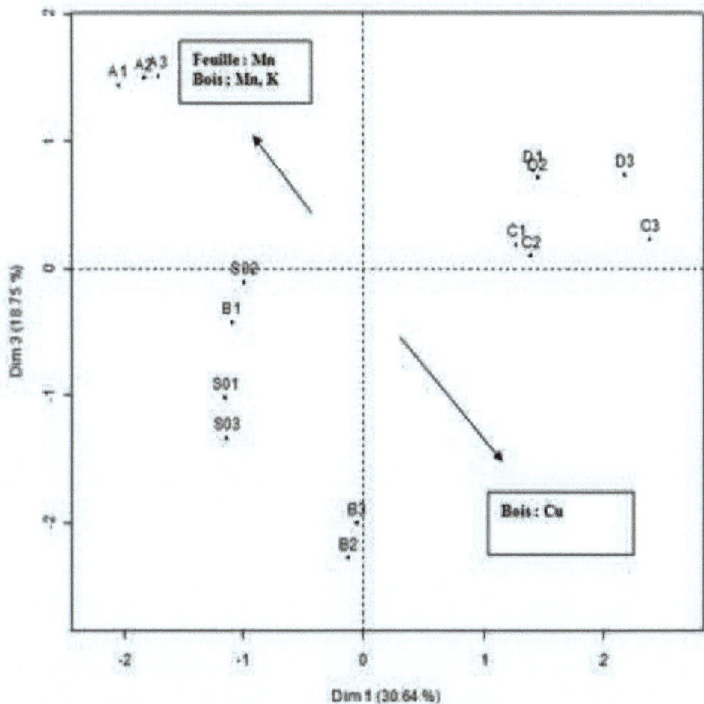

**Figure III. 7 : Projection du plan P1× P3 en analyse factorielle normalisée des
teneurs en métaux lourds et oligoéléments des arganiers à
différentes dates.**

III.3) CONCLUSION

Les résultats de l'analyse des teneurs en métaux lourds et en oligoéléments dans plusieurs arganiers à différents dates ont été déterminés. Une analyse factorielle multiple des données analytiques recueillies montre que le comportement de ces éléments analysés dans les différentes parties d'arganier (sol, bois, feuilles) corrèle entre eux [77]. Cette analyse a permis d'analyser les 3 groupes simultanément. Ces groupes sont assez proches. Globalement les dates de mesures n'influent pas sur la dispersion des données et les arbres ne sont pas homogènes par rapport aux mesures réalisées. Il existe des différences importantes spatiotemporelles. Les arbres C et D sont assez proches, mais peuvent se distinguer suivant certaines richesses au niveau de la feuille.

CHAPITRE IV: MODELISATION DE LA DISTRIBUTION DES METAUX LOURDS ET OLIGO-ELEMENTS DANS LE SOL FORESTIER ET DANS LES DIFFERENTES PARTIES D'ARGANIER DES DIFFERENTES REGIONS DU MAROC

IV.1) INTRODUCTION

Les plantes dépendent de certains métaux et oligoéléments tels que K, Ca, Mg, Fe, Cu, Zn et Mn qui sont des nutriments essentiels pour la croissance. Cependant, certaines formes de certains métaux peuvent également être toxiques et présentent un risque, même en quantité relativement petite.

En effet, plusieurs métaux lourds pourraient aussi avoir des effets néfastes sur la santé. De nombreux incidents ont donné des renseignements sur la gravité de niveaux élevés d'exposition à certains métaux toxiques, particulièrement le cadmium, le chrome, le zinc, le cobalt, le nickel et le plomb [78-80].

Généralement, les nuisibles effets induits par des métaux toxiques ne se produisent que quand ils sont en surdoses. Il est actuellement nécessaire de donner un intérêt considérable pour la détermination des métaux lourds dans les aliments et d'étudier la migration des oligoéléments et de surveiller la teneur toxique des microcomposants à tous les stades de la chaîne écologique (sols, eaux, systèmes biologiques) puisqu'il existe des sources immédiates des métaux lourds qui atteignent l'organisme humain [81].

Ainsi, la présence des métaux lourds dans les huiles végétales dépend de nombreux facteurs. Ils pourraient provenir de la terre, des engrais, ou de la présence des unités industrielles qui sont à proximité des plantations [82]. La détermination de ces métaux dans les huiles végétales exige des procédures spécifiques d'analyse telle que les techniques de spectrophotométrie d'absorption atomique aussi bien que des techniques électro-analytiques [83-87].

Les niveaux des ions métalliques (Cu, Fe, Mg, Co, Cr, Pb, Cd, Ni et Zn) sont connus par des effets défavorables sur la stabilité à l'oxydation des huiles alimentaires. Les métaux de transition tels que le cuivre et le fer catalysent la décomposition des hydro-peroxydes et peuvent conduire à la formation plus rapide des substances indésirables comme la montre la réaction ci dessous.

$$M^{n+} + POOH \longrightarrow M^{(n+1)} + PO + HO^-$$

$$M^{(n+1)} + POOH \longrightarrow Mn^+ + POO + H^+$$

Tenant compte du rôle métabolique de certains métaux toxiques, le développement de manière rapide et précise des méthodes d'analyse pour la détermination des éléments traces dans les huiles végétales alimentaires est important du point de vue à la fois contrôle de la qualité de la production et de l'analyse des aliments [88].

Dans cette étude les prélèvements nécessaires ont été effectués en cinq principaux parties (sol, bois, feuilles, amandes, huiles), des arganiers d'Essaouira, Ait Baha, Tiznit, Taroudant et Agadir. Les propriétés physico-chimiques de sol et de l'huile d'argan ont été étudiées indépendamment. Le cadmium, le chrome, le cuivre, le plomb, le fer, le zinc et le calcium ont été analysés dans les différentes parties d'arganier par la méthode d'absorption atomique pour déterminer la répartition de la teneur en ces métaux entre ces compartiments. Dans le but d'expliquer le comportement des données analytiques des métaux et d'apporter des informations nécessaires sur l'arganier, nous avons utilisé une méthode d'analyse multidimensionnelle statistique. En effet, les données analytiques recueillies ont été traitées aussi par l'analyse en composantes principales (ACP) [89-90]. Les principales de ces traitements informatiques sont décrites et réalisés sur dix variables centrées réduites, qui représentent les concentrations en métal dans l'arganier.

L'objectif de cette étude est de déterminer les niveaux de métaux lourds et oligoéléments dans les sols forestiers et dans les différentes parties des arganiers (bois, feuilles, amandes, huile), pour identifier éventuellement les relations entre l'environnement d'arganier et la teneur en métal dans l'huile extraite.

IV.2) RESULTATS ET DISCUSSION

IV.2.1) PROPRIÉTÉS PHYSICO-CHIMIQUES DU SOL DE FORET D'ARGANIER

Les principales propriétés physico-chimiques des sols étudiées sont présentées dans le tableau ci-dessous (Tableau IV.1).

Tableau IV. 1 : Caractéristiques physico-chimiques et l'analyse granulométrique du sol des différentes régions.

Echantillons	pH		N%	C%	MO%	P_2O_5 ppm	Argile%	Limon fin%	Limon grossier%	Sable fin%	Sable grossier%
	H_2O	KCl									
Essaouira	8.37	8.59	0.047	0.9	1.55	0.5	0.0	56.6	17.2	4.3	21.9
AitBaha	8.27	8.45	0.057	2.7	4.65	0.3	13.4	10.7	4.6	27.9	43.4
Tiznit	8.22	8.33	0.01	3.15	5.43	0.2	13	9.7	6.2	19.4	51.7
Taroudant	8.51	8.44	0.003	3.15	5.43	0. 7	4.9	18.3	8.6	29.4	38.8
Agadir	8.30	8.46	0.01	3.33	5.74	1	5.2	15.4	10.5	24.6	44.3

IV.2.1.1) LA GRANULOMETRIE

D'après le tableau IV.1, les sols présentent un faciès du sable grossier avec des pourcentages du sable variant entre 21 et 51.7 %. La distribution de la fraction argileuse est différente d'une région à un autre : le sol d'Ait Baha et de Tiznit est le plus riche en argile (13.4%, 13%), alors que les deux autres régions montrent de faibles pourcentages de 5.2% pour Agadir et 4.9% pour Taroudant (Figure IV.1).

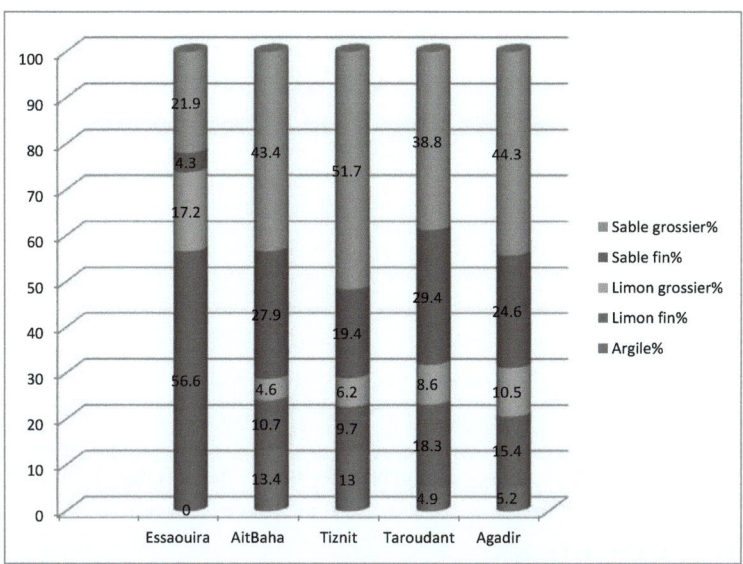

Figure IV. 1 : Proportions des fractions granulométriques dans les sols

IV.2.1.2) LE pH

Le pH des sols est légèrement basique, il est de 8.37 pour Essaouira, 8.27 pour Ait Baha, 8.22 pour Tiznit, 8.51 pour Taroudant et 8.30 pour le sol d'Agadir (tableau IV.1).

IV.2.1.3) LES CARBONATES TOTAUX (C%)

Les sols montrent des pourcentages faibles en carbonates totaux : 0.9 % pour Essaouira, 2.7 % pour Ait Baha, 3.15 % pour Tiznit, Taroudant et 3.33 pour Agadir (Figure IV.2).

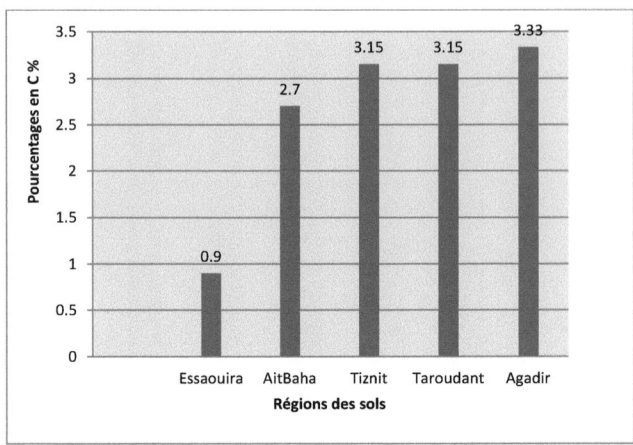

Figure IV. 2 : Pourcentage des carbonates totaux des sols des différentes régions.

IV.2.1.4) L'AZOTE (N%)

La figure IV. 3 montre que les sols ne sont pas très riches en azote. Le pourcentage le plus élevé est celui d'Ait Baha (0.057 %), les sols d'Essaouira présentent un pourcentage de 0.047% et le taux le plus faible est celui des arbres Tiznit, Taroudant, Agadir (0.01%, 0.003%, 0.01%).

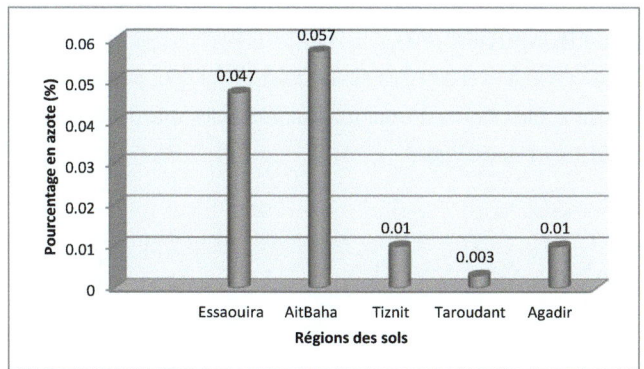

Figure IV. 3 : Pourcentage d'azote des sols des différentes régions.

IV.2.1.5) LA MATIERE ORGANIQUE (MO%)

Selon la figure IV.4, on constate que les sols d'Ait Baha, de Tiznit, de Taroudant et d'Agadir présentent les pourcentages les plus élevés de matière organique, respectivement de l'ordre de 4.65, 5.43 et 5.74 %, alors que les sols d'Essaouira montrent un faible pourcentage de matière organique (1.55%).

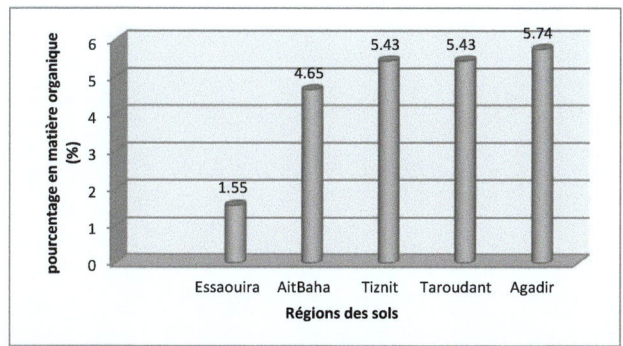

Figure IV. 4 : Pourcentage de matière organique des sols des différentes régions.

IV.2.1.6) LE PHOSPHORE (P_2O_5)

Les sols d'Ait Baha et de Tiznit ne sont pas très riches en phosphore (0.3%, 0.2%). Le pourcentage le plus élevé est celui d'Agadir (1%), les sols de Taroudant (0.7%) et d'Essaouira (0.5%) (Figure IV.5).

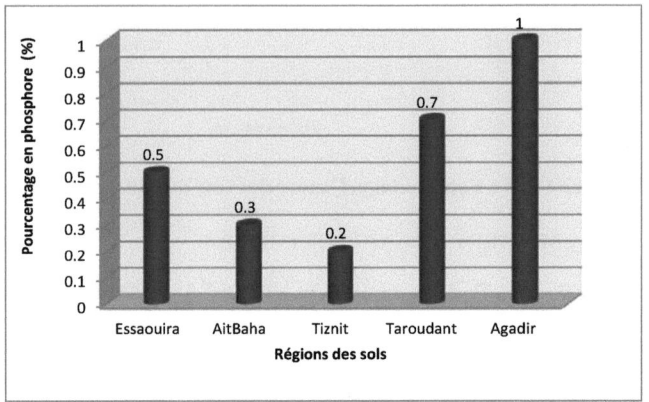

Figure IV. 5 : Pourcentage de phosphore dans le sol des différentes régions.

IV.2.2) ETUDE DES CARACTERISTIQUES PHYSICO-CHIMIQUE D'HUILE D'ARGAN

L'analyse d'acidité, indice de peroxyde et spectrométrique (UV) d'huile d'argan fournit des informations complémentaires sur sa qualité.

Le tableau IV.2 montre les résultats de la valeur de l'acidité, l'indice de peroxyde et les valeurs de l'extinction spécifique à 270 nm (E270) et à 232nm(E232).

Tableau IV.2: Le pourcentage d'acidité (acide oléique), d'indice de peroxyde (meq O2/kg) et les valeurs de l'extinction spécifique à 232 nm (E232) et à 270nm (E270) dans les échantillons d'huile étudiés.

Régions	acide oléique (%)	indice de peroxyde (meq O_2/kg)	E232 nm	E270 nm
Essaouira	0.4	2.4	1.19±0.01	1.19±0.01
Taroudant	0.5	1.2	1.24±0.06	0.22±0.05
Ait Baha	0.47	2	1.28±0.06	0.25±0.02
Agadir	(1.2[a])	2.8	1.93±0.01	0.18±0.01
Tiznit	0.28	2.8	2.11±0.01	0.21±0.01

[a] Echantillons avec des niveaux élevés d'acidité %.

IV.2.2.1) ACIDITÉ

Toutes les valeurs d'acidité observées sont inférieures à 1.40%. Les résultats illustrés sur la figure IV.6 nous permettent de constater que l'acidité de l'huile d'Agadir est élevée à 1.2 par rapport aux échantillons de Taroudant, d'Ait Baha, d'Essouira et de Tiznit (0.5%, 0.47%, 0.4%, 0.28% respectivement).

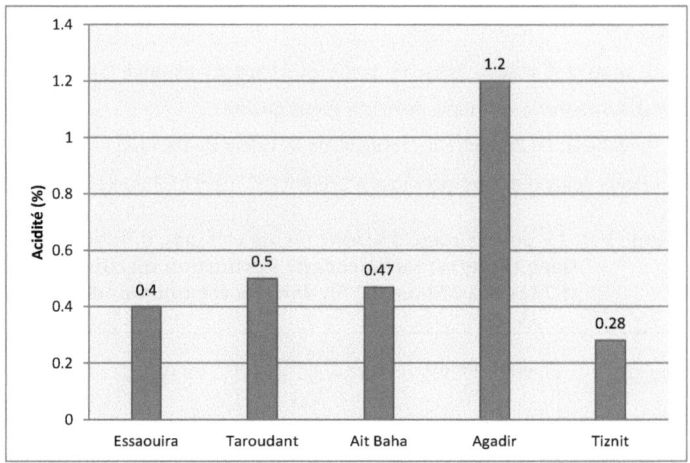

Figure IV. 6 : Les résultats de l'acidité des huiles d'argan.

IV.2.2.2) INDICE DE PEROXYDE

La figure IV.7 montre que les résultats de l'indice de peroxyde des 5 échantillons de l'huile d'argan. L'indice de peroxyde des échantillons de Tiznit, d'Agadir et d'Essaouira (2.9%, 2.8%, 2.4%) est plus élevé par rapport aux échantillons de Taroudant, d'Ait Baha (1.2%, 2% respectivement). Pour tous les échantillons, les niveaux de peroxydes évalués ne dépassent pas les 15 milliéquivalents d'oxygène actif par kilogramme d'huile pour toutes les huiles étudiés.

Les indices de peroxyde obtenus restent très inférieurs aux valeurs limites indiquées pour une huile d'argan vierge extra par SNIMA (Service de Normalisation Industrielle Marocaine) [91]. Ces valeurs indiquent un bon état de l'huile.

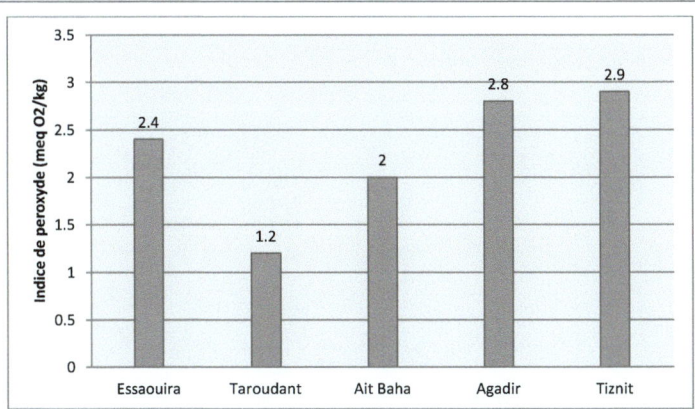

Figure IV. 7 : Les résultats de l'indice de peroxyde d'huile d'argan des différentes régions.

IV.2.2.3) EXTINCTION SPECIFIQUE EN UV

Selon la figure IV.8, on constate que les régions d'arganier ont un effet sur la valeur de l'extinction spécifique (E232) de l'huile d'argan. En effet, la valeur de l'extinction spécifique de 1 échantillon de Tiznit, d'Agadir est plus élevée (2.11, 1.93), tandis que la valeur de l'extinction spécifique des échantillons d'Ait Baha, de Taroudant et d'Essaouira n'est que de 1.28, 1.24, 1.19 respectivement. On a observé une faible variation de la valeur de l'extinction spécifique pour les huiles d'Ait Baha, de Taroudant et d'Essaouira.

L'extinction spécifique de l'huile d'argan a été déterminée à 270 nm. D'une manière générale. L'extinction spécifique de l'échantillon d'Essaouira est plus élevé (1.19), par contre, l'extinction spécifique de l'échantillon de Taroudant, d'Ait Baha, d'Agadir et de Tiznit est faible 0.22, 0.25, 0.18, 0.21 respectivement (figure IV.9). Les valeurs de l'extinction spécifique pour les huiles d'Ait Baha, de Taroudant et d'Agadir sont plus proches.

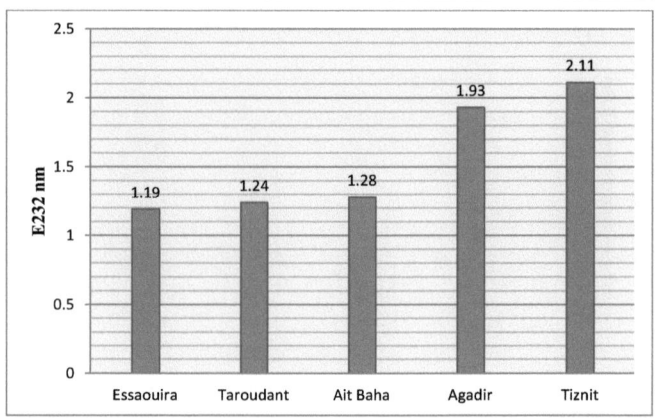

Figure IV. 8 : Les résultats de l'extinction spécifique à 232 nm en fonction des régions d'arganier.

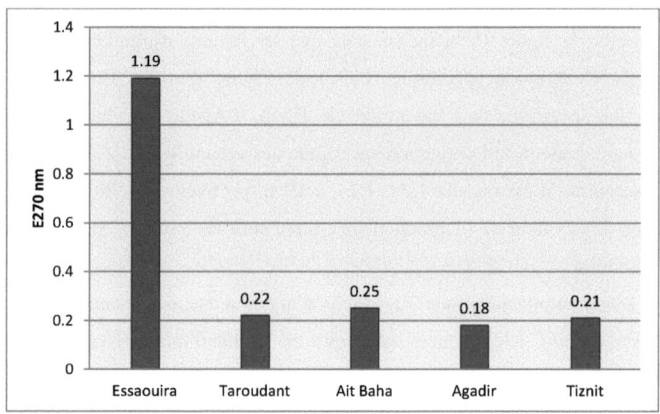

Figure IV. 9 : Evolution de l'extinction spécifique à 272 nm en fonction des régions d'arganier.

IV.2.3) MODELISATION DE LA DISTRIBUTION DES METAUX LOURDS ET OLIGOELEMENTS DANS LES SOLS FORESTIERS ET DANS LES DIFFERENTES PARTIES D'ARGANIER

Les résultats d'analyse des teneurs en métaux lourds et en oligoéléments dans l'arganier et dans les sols correspondants, sont présentés dans les tableaux IV.3, IV.4. De ces résultats, une étude préalable a montré que le classement des teneurs maximales du métal total dans la plupart des arbres d'arganier se présente respectivement dans l'ordre suivant: Pb > Zn > Cu > Cr > Cd et Ca> K> P> Mg >Fe comme le montre les figures IV.10 et IV.11 respectivement.

La concentration de plomb est élevée particulièrement dans le sol de la forêt d'Essaouira (278,23 µg kg^{-1}) (tableau IV.3). Il est également l'élément le plus abondant dans le sol de Taroudant et d'Agadir dont les teneurs sont de 80,8 et 66,2 µg kg^{-1}, respectivement. Le zinc et le cuivre sont les éléments les plus abondants qu'ailleurs (tableau IV.3).

Parmi les cinq autres éléments testés (Fe, Ca, P, K Mg), le potassium est le plus abondant dans le sol forestier d'Essaouira, d'Ait Baha et de Tiznit. Pour les feuilles, le bois et les amandes des arganiers de Tiznit, de Taroudant, d'Agadir et d'Ait Baha, le calcium occupe la première position, tandis que le potassium occupe la deuxième position (tableau IV.4), alors que pour l'huile, la teneur en phosphore, résultant de phospholipide, est la plus élevée de tous les éléments testés.

Toutefois, la répartition de ces métaux dans les différentes parties de prélèvement montre que le sol est celui qui accumule plus des métaux analysés dans la plupart des arbres d'arganier comme elle est illustrée par les tableaux IV.3 et IV.4.

Tableau IV. 3 : Concentration (µg kg-1) des métaux lourds dans l'huile, le sol et les différentes parties de l'arganier.

Arbre d'origine	Echantillons	Cd	Cr	Cu	Pb	Zn
Essaouira	Sol	0.77±0.02	3.07±0.44	160.19±2.65	278.23±2.95	87.16±2.73
	Bois	0.13±0.01	20.83±1	5.78±0.71	22.04±1.11	14.38±0.97
	Feuilles	0.19±0.01	3.95±0.68	4.61±0.39	5.17±0.63	16.74±0.94
	Amandes	0.19±0.01	1.68±0.04	4.84±0.53	2.43±0.08	5.64±0.69
	Huile	0.40±0.02	85.74±2.7	31.27±1.51	8.74±0.85	80.29±2.62
AitBaha	Sol	0.85±0.03	3.5±0.40	224.8±3	36.37±1.51	109.3±2.86
	Bois	0.22±0.00	28.02±1.54	8.53±0.81	25.58±1.22	20.93±1.00
	Feuilles	0.22±0.00	4.09±0.50	3.76±0.44	4.84±0.52	17.2±0.95
	Amandes	0.65±0.02	4.01±0.53	16.71±0.98	3.8±0.47	19.74±1.00
	Huile	0.70±0.02	80.48±2.63	40.41±1.73	15.75±0.96	86.73±2.72
Tiznit	Sol	0.54±0.03	5.7±0.68	140.63±2.21	28.28±1.36	82.03±2.68
	Bois	0.02±0.00	0.02±0.00	0.053±0.00	75.647±2.55	18.396±0.99
	Feuilles	1.831±0.05	0.02±0.00	0.974±0.02	70.543±2.49	4.853±0.54
	Amandes	1.322±0.04	0.02±0.00	2.686±0.09	77.563±2.57	54.479±1.74
	Huile	1.49±0.04	75.28±2.52	37.41±1.54	13.74±0.91	60.74±2.11
Taroudant	Sol	1.098±0.03	0.02±0.00	0.59±0.02	80.815±2.68	9.559±0.83
	Bois	1.223±0.04	0.02±0.00	1.341±0.04	63.76±2.22	13.796±0.91
	Feuilles	1.04±0.03	0.02±0.00	1.502±0.06	58.84±1.75	21.662±1
	Amandes	1.624±0.06	0.02±0.00	0.214±0.02	81.799±2.68	9.991±0.84
	Huile	1.89±0.02	77.18±2.5	46.41±1.84	18.74±0.99	82.74±2.69
Agadir	Sol	2.234±0.08	0.02±0.00	2.253±0.08	66.205±2.12	11.248±0.90
	Bois	1.817±0.02	0.02±0.00	0.214±0.02	99.645±2.85	8.168±0.85
	Feuilles	2.601±0.09	0.02±0.00	0.02±0.00	68.853±2.15	10.587±0.91
	Amandes	0.497±0.02	0.02±0.00	0.429±0.02	80.429±2.74	3.07±0.44
	Huile	0.59±0.01	40.18±1.62	28.51±1.38	7.75±0.82	68.76±2.15

Tableau IV. 4 : Concentration (μg kg-1) des oligoéléments dans l'huile, le sol et les différentes parties de l'arganier.

Arbre d'origine	Echantillons	Fe	Ca	P	K	Mg
Essaouira	Sol	103.47±2.85	1700±18.03	2026.96±19.05	47347.996±27.09	9808.6±23.95
	Bois	11508.9±25.08	89800±31.58	560.87±9.16	8342.9914±23.91	1665.772±17.00
	Feuilles	997.57±13.22	19300±26.90	807.69±13.04	5374.3561±23.17	3532±22.09
	Amandes	88.84±2.75	2500±18.35	166.07±2.64	3545.765±22.00	4567±23.14
	Huile	42.805±1.62	398.036±7.13	2174.03±19.15	354.678±7.10	593.611±7.45
AitBaha	Sol	348.54±7.22	1900±18.14	2550.41±19.35	49533.646±27.10	9495.71±23.92
	Bois	15037.6±25.60	107900±33.58	866.98±13.09	18374.485±25.06	705.99±12.98
	Feuilles	819.35±13.11	18600±25.23	873.54±13.09	6930.869±23.43	2223.1±19.34
	Amandes	243.76±6.99	12200±26.14	698.08±9.25	4890.567±23.13	2345±19.35
	Huile	53.43±1.71	687.076±9.13	1878.89±18.18	876.763±13.21	498.683±7.18
Tiznit	Sol	353.29±7.22	5500±23.22	2633.40±21.85	44331.768±23.00	5545.09±23.22
	Bois	9.5669±0.88	1037430±31.04	2987±21.97	11190.24±25.00	1283.53±14.00
	Feuilles	8.166±0.87	2562440±37.55	1892.50±18.20	18852.092±26.23	1787.87±18.00
	Amandes	8.09±0.83	1481910±35.23	2851.89±21.92	14356.456±25.01	1578.04±15.98
	Huile	6.67±0.80	469.86±7.24	2345.87±19.68	789.546±13.00	376.123±7.02
Taroudant	Sol	5.709±0.68	1424950±34.17	3000.25±22.04	50144.661±27.15	8087.57±23.00
	Bois	4.438±0.55	929150±30.09	2987.51±21.97	8664.8603±23.90	1500.1±15.96
	Feuilles	6.759±0.80	1504330±35.34	2589.51±18.39	7502.6051±23.87	2283±19.36
	Amandes	6.872±0.80	2445560±37.02	1235.25±14.00	5678.342±23.23	2370±19.38
	Huile	11.203±0.90	598.54±7.45	1987.67±18.00	435.872±7.23	74.531±2.55
Agadir	Sol	4.331±0.55	1736840±35.88	4125.25±23.04	51659.969±27.17	7376.51±30.00
	Bois	6.783±0.81	9119970±39.43	6548.25±23.34	8851.8595±23.93	786.19±13.00
	Feuilles	5.709±0.68	5019260±38.09	7598.51±23.87	8436.0823±23.86	840±13.08
	Amandes	0.02±0.00	9496390±39.65	8568.54±23.91	9876.234±23.94	4087±22.86
	Huile	5.77±0.66	690.67±9.13	5678.87±23.28	558.678±9.17	86.511±2.70

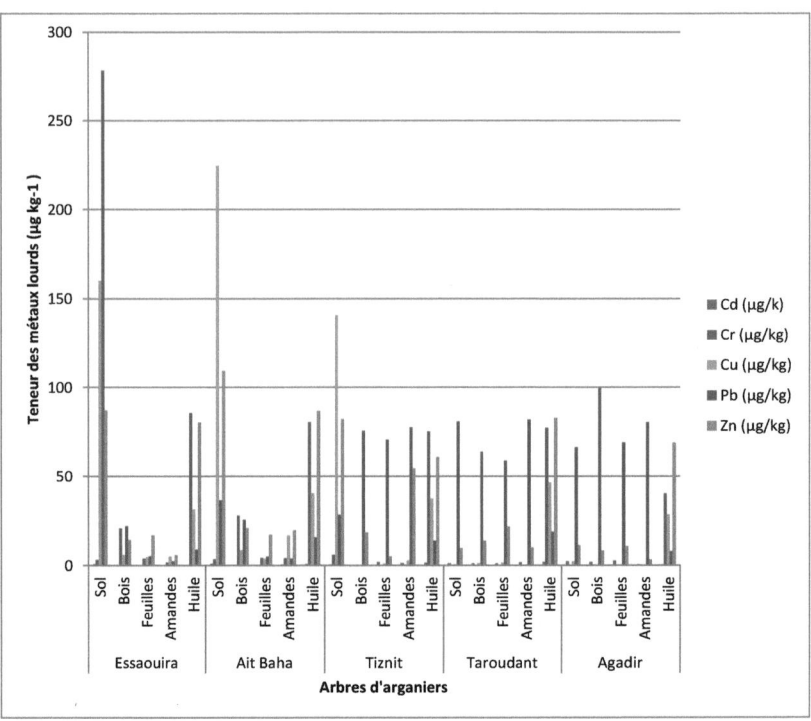

**Figure IV. 10 : Représentation des différentes teneurs en métaux lourds dans
l'huile, le sol et dans les autres parties de l'arganier.**

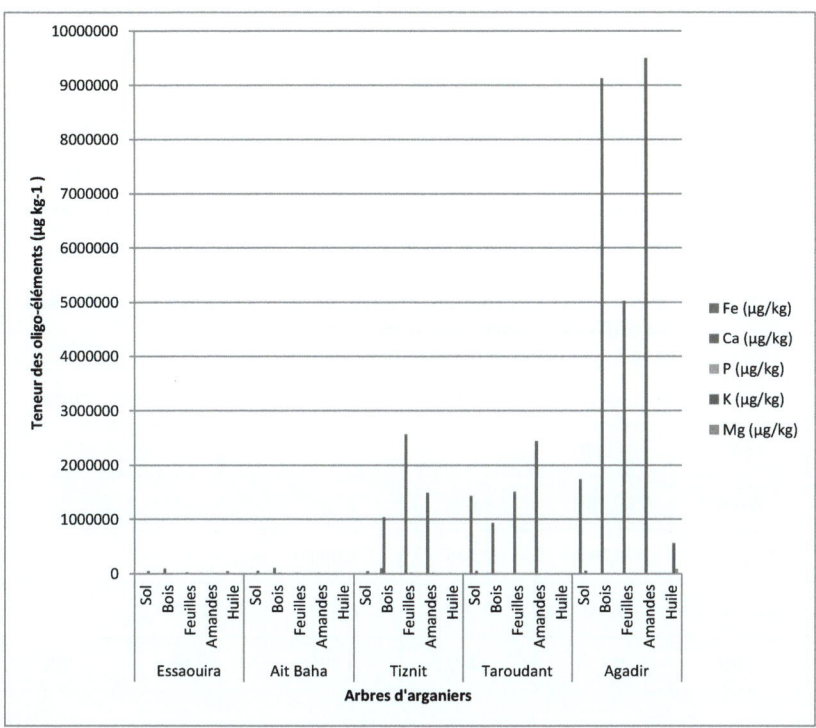

**Figure IV. 11 : Représentation des différentes teneurs en oligoéléments dans
l'huile, le sol et les autres parties de l'arganier.**

Afin de déterminer les corrélations entre la teneur des métaux analysés, nous avons utilisé la méthode statistique qui est l'analyse en composante principale normée (ACP) dont l'application dans le domaine de l'étude de l'environnement a fait l'objet de nombreux travaux [73, 89-90]. Cette méthode permet de donner des informations sur les mesures des paramètres physico-chimiques effectuées et de chercher les corrélations entre les différents paramètres physico-chimiques des arganiers.

Dans le cas des classes d'argan, le coefficient des régressions variables (RV) a été calculé dont les résultats sont présentés dans le tableau IV.5 qui montre que ce coefficient entre le bois, les feuilles, les amandes et l'huile est relativement plus élevé. Le groupe du sol est moins corrélé avec les quatre autres groupes (bois, feuilles, amandes et huile).

Table IV. 5 : Les valeurs des coefficients des régressions variables (RV) dans les différentes parties de l'arganier.

	Sol	Bois	Feuilles	Amandes	Huile
Sol	1.000				
Bois	-0.189	1.000			
Feuilles	-0.015	0.848	1.000		
Amandes	0.045	0.959	0.931	1.000	
Huile	-0.459	0.872	0.885	0.829	1.000

L'analyse en composantes principales a été effectuée en utilisant dix variables (les métaux lourds et les oligoéléments). Pour les composantes principales, nous avons sélectionné quatre composantes qui expliquent 85% de l'inertie totale comme le montre dans le tableau IV.6.

Tableau IV. 6 : Composantes principales de l'étude.

	valeur propre	inertie	inertie cumulée
Comp1	12.8	31.60	31.60
Comp2	7.75	22.04	53.64
Comp3	16.00	17.65	71.29
Comp4	5.21	13.78	85.07

Les résultats de cette analyse mathématique ont montré que les quatre composantes principales (P1, P2, P3, P4) totalisent 85% de l'information avec des pourcentages d'inertie respectivement de 31.60%, 22.04%, 17.65% et 13.78%. Les autres composantes contribuent faiblement par rapport à l'inertie totale, et sont négligeables. Les résultats de cette analyse reportés sur les tableaux (IV.3 et IV.4) et les figures(IV.12, IV.13), nous ont permis de montrer les liens et les corrélations existantes entre les différents paramètres physico-chimiques étudiés dans les différentes parties de l'arganier.

La figure IV.12 montre une similarité significative entre les arbres. Elle montre de fortes corrélations entre les huiles d'argan de cinq différentes zones géographiques. En effet, les huiles d'Essaouira, de Tiznit, de Taroudant, d'Agadir et d'Ait Baha sont seulement riches en chrome et en zinc. Le bois des arganiers d'Essaouira et d'Ait Baha est riche en chrome, en plomb et en zinc, tandis que le bois de Tiznit, de Taroudant et d'Agadir est riche en plomb. Les feuilles d'Essaouira et d'Ait Baha est riche en zinc. Le sol de Tiznit et celle d'Ait Baha est riche en cuivre et en zinc. La figure IV.13 montre que l'huile d'argan extraite des arbres d'Essaouira, d'Ait Baha, de Tiznit, de Taroudant et d'Agadir est riche en phosphore. Le sol d'Essaouira, d'Ait Baha et de Tiznit est riche en potassium et en magnésium, tandis que le sol de Taroudant et d'Agadir est riche en calcium et en potassium. Le bois des arganiers d'Essaouira, d'Ait Baha, de Tiznit, de Taroudant et d'Agadir est riche en calcium. Les feuilles et les amandes d'Ait Baha sont également riches en calcium. Tandis qu'une corrélation directe entre la composition du sol et la teneur de métal dans l'huile d'argan est difficile à établir. Les résultats mathématiques établis dans ce travail peuvent déjà être utiles pour prédire la teneur en métaux de l'huile d'argan à partir de la teneur en métaux dans les différentes parties des arganiers. Ces données sont précieuses non seulement de la détermination du niveau de la toxicité de ces métaux mais aussi de leur influence négative dans la conservation d'huile d'argan [92].

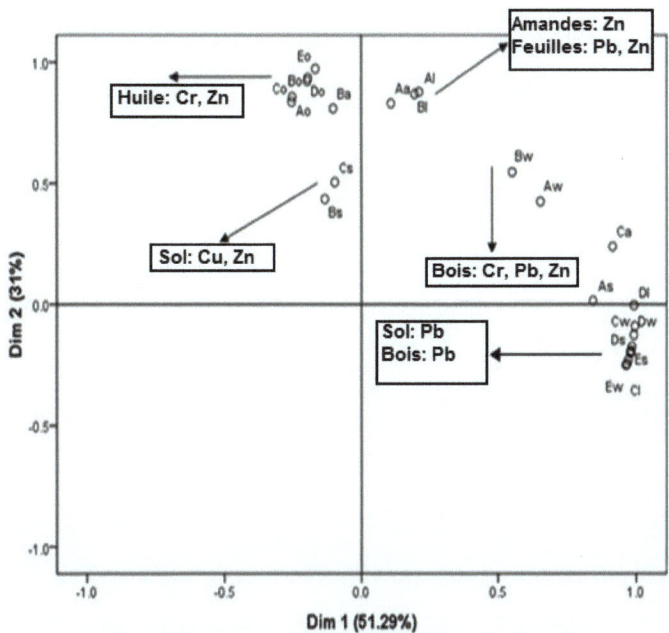

**Figure IV. 12 : Projection du plan P1× P2 en analyse factorielle normalisée
des teneurs en métaux lourds entre les arbres d'arganier.**

s: Sol. w: Bois. l: Feuilles. a: Amandes. o: Huile, A. B. C. D. E: Arbres d'arganier
d'Essaouira, d'Ait Baha, de Tiznit, de Taroudant et d'Agadir respectivement.

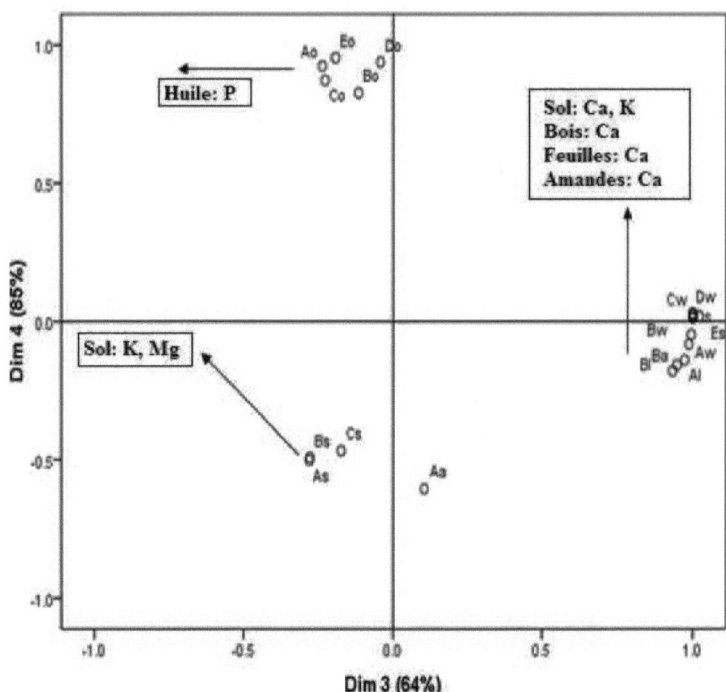

**Figure IV. 13 : Projection du plan P3× P4 en analyse factorielle normalisée
des teneurs en oligoéléments entre les arbres d'arganier.**

s: Sol. w: Bois. l: Feuilles. a: Amandes. o: Huile, A. B. C. D. E: Arbres d'arganier
d'Essaouira, d'Ait Baha, de Tiznit, de Taroudant et d'Agadir respectivement.

IV.3) CONCLUSION

Les échantillons d'arganier ont été récoltés des arbres adultes à raison de cinq échantillons (sol, bois, feuilles, amandes, huile) par arbre. Les métaux lourds et oligoéléments ont été analysés dans l'arganier par absorption atomique. Une analyse en composantes principales des données analytiques recueillies montre que le comportement de dix métaux analysés dans les différentes parties d'arganier corrèle positivement entre eux. Ces résultats indiquent que la méthode statistique utilisée pour l'analyse des données est un outil précieux dans l'interprétation des résultats analytiques. Ces résultats de l'analyse ont montré que l'huile d'argan de cinq différentes régions du Maroc est riche en phosphore. La plupart des arbres étudiés ont été caractérisés par une teneur élevée en calcium.

CHAPITRE V: ETUDE SPATIO-TEMPORELLE DE TRANSFERT DES ELEMENTS DIETETIQUES DANS LES HUILES D'ARGAN

V.1) INTRODUCTION

Les éléments diététiques ou minéraux nutritifs sont essentiels pour maintenir le métabolisme du corps humain [93]. En effet des microquantités de ces éléments interfèrent avec plusieurs processus biochimiques vitaux, leur permettant de se dérouler correctement. Cependant, sous une forme libre, certains éléments diététiques peuvent également accroître la production cellulaire de radicaux libres qui peuvent l'endommager [94]. Ils peuvent également s'accumuler et induire une toxicité à long terme [95]. Par conséquent, la détermination analytique des éléments diététiques et la quantification précise des métaux lourds ordinaires, dont la plupart sont également des éléments diététiques est importante en chimie alimentaire. Ce sont des moyens précis pour détecter la falsification dans l'huile et pourront être particulièrement adaptés à discriminer l'huile d'argan à partir d'huile de tournesol et pour différencier entre l'huile d'argan, l'huile d'olive et l'huile de soja [73, 77, 96, 97].

Toutefois, cela implique que tous les échantillons d'huile d'argan ont une composition semblable en éléments traces, indépendamment de la composition des métaux du sol.

Dans ce chapitre, une étude spatio-temporelle de transfert des éléments diététiques dans les huiles d'argan pour pouvoir déterminer un modèle d'élimination des ces métaux. Pour cela, la composition de dix éléments traces dans l'huile cosmétique ainsi que dans l'huile alimentaire de quatre régions de la forêt d'arganier marocaine a été déterminée et réalisée sur une période de trois ans.

V.2) RESULTATS ET DISCUSSION

V.2.1) ETUDE SPATIO-TEMPORELLE DE TRANSFERT DES ELEMENTS DIETETIQUES DANS LES HUILES D'ARGAN

En raison de la grande taille de la forêt d'argan, leur teneur en métaux des sols est intrinsèquement dépendante de la région. Parfois, cette variabilité peut-être aussi des résultats provenant des eaux usées, de l'insuffisance des conditions sanitaires, une forte érosion et l'accumulation des métaux éventuellement dans des fosses naturelles favorisé par de faibles précipitations. Par conséquent, nous avons évalué la teneur des éléments traces dans les huiles d'argan des quatre principales régions de production de l'huile d'argan: Agadir, Ait Baha, Essaouira et Taroudant. Ensuite, nous avons évalué cette teneur dans l'huile alimentaire et l'huile cosmétique pendant trois ans, soit un total de 192 échantillons étudiés.

Avant l'analyse de la teneur en métal, nous avons déterminé la qualité initiale de l'ensemble de nos échantillons en utilisant la méthode demi-mécanisé qui est connue pour produire de l'huile de haute qualité [92, 98].

Le tableau V.1 montre les principales caractéristiques analytiques en utilisant la procédure ICP-AES. La limite de détection (LDD) a été calculée comme étant la concentration correspondante pour un niveau de confiance de 99% de dix répétitions d'une solution à blanc et dans les échantillons originaux (1 mg kg^{-1}) en prenant en considération la quantité de l'échantillon et la dilution finale utilisée dans la procédure recommandée. Ce tableau montre que les limites de détection en ICP-AES sont adéquates pour la détermination des éléments traces dans l'huile d'argan, allant respectivement de 0,0030 mg kg^{-1} à 0.0365 mg kg^{-1} pour le chrome, le cuivre et le fer.

**Tableau V. 1 : Caractéristiques analytiques pour la méthode utilisée pour
déterminer les éléments traces dans l'huile d'Argan vierge par
l'ICP-AES.**

	Longueur d'onde (nm)	La limite de détection (mg kg $^{-1}$)
Cd	214.440	0.0040
Cr	205.560	0.0030
Cu	324.752	0.0030
Zn	213.857	0.0070
Pb	220.353	0.0080
Fe	238.204	0.0365
K	766.490	0.0300
Mg	279.077	0.0040
Ca	317.933	0.0100
P	178.223	0.0090

La méthode analytique utilisée pour déterminer les teneurs en Cd, Cr, Cu, Zn, Pb, Fe, K, P, Mg et Ca dans l'huile a été réalisée par simple dilution de l'huile avec l'acide nitrique (HNO_3) avant la détection par l'ICP-AES.

Les fruits ont été recueillis en août de 2009 , 2010 et 2011 des quatre régions du Maroc (Essaouira, Taroudant, Agadir, Ait Baha) (figure V.1). Pour chaque récolte, les fruits ont été séchés, pelés et les noyaux ont été collectés et traités manuellement pour fournir l'huile d'argan après pressage mécanique [98].

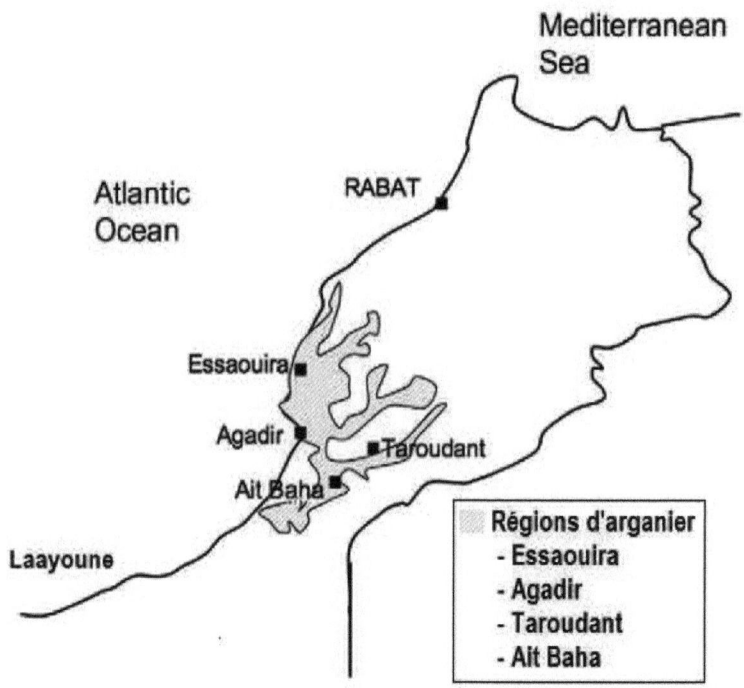

Figure V. 1 : Carte du Maroc, zones des forêts d'arganier.

Les tableaux V.2 et V.3 résument les résultats de la composition en éléments traces dans les échantillons d'huile analysés au cours de cette étude. Pour la plupart des éléments diététiques évalués, les teneurs similaires ont été trouvées dans l'huile alimentaire (noyaux torréfiés) et l'huile cosmétique (noyaux non torréfiés).

Le calcium est le seul élément à être fréquemment trouvé en faible teneur dans l'huile cosmétique que dans l'huile alimentaire. Par contre, la teneur en phosphore est plus grande dans l'huile cosmétique que dans l'huile alimentaire (tableau V.3, figure

V.3). Les résultats sont également similaires à ceux rapportés par d'autres travaux [96, 97]. Les résultats de cette étude montrent que la torréfaction n'a aucune influence sur la teneur en métaux dans l'huile d'argan. Plus précisément, on peut dire que la torréfaction ne modifie ni la teneur en éléments diététiques des graines; excepté le phosphore; ni l'extractibilité de ces éléments lors de l'étape de pressage. Par conséquent, les dix éléments étudiés ne montrent aucune liaison avec des ions métalliques qui sont produits à des températures comprises entre la température ambiante et 110 °C [99].

La remarque importante est le fait que la teneur en métal est remarquablement stable sur trois ans consécutifs et pour les quatre régions étudiées, excepte le cuivre, le calcium et le phosphore. La teneur en en calcium et en cuivre dans l'huile d'Agadir a augmenté en 2010, par rapport à 2009 et 2011. Tandis que, les échantillons d'Agadir ont montré des valeurs plus élevées pour le phosphore en 2011, par rapport à 2009 et 2010. Ceci n'est pas suffisante pour modifier la composition en éléments traces de l'huile d'argan. Par conséquent, les considérations génotypiques apparaissent être le paramètre essentiel contrôlant la teneur en éléments diététiques dans l'huile d'argan d'une part. D'autre part, les paramètres phénotypiques qui sont la température, la chute de pluie et la composition du sol, présentent une importance réduite pour la qualité d'huile d'argan.

Ainsi, les paramètres déterminés dans l'huile d'argan ont été étudiés en tant que variables statistiques. Chaque valeur donnée correspond à la moyenne des trois mesures indépendantes. La variabilité dans chaque paramètre et entre les deux groupes d'huile (amandes torréfiés et non torréfiés) a été analysée. De possibles corrélations entre les métaux et entre la teneur en métal et plusieurs paramètres de qualité ont été également trouvées. Les valeurs $P \leq 0,05$ ont été considérées comme statistiquement significatives. L'analyse statistique a été effectuée en utilisant le logiciel Statgraphics.

Table V. 2 : Teneurs en métaux lourds (mg kg^{-1}) dans l'huile d'argan.

	Essaouira		Taroudant		Ait Baha		Agadir	
	Torréfié	No torréfié	Torréfié	No torréfié	Torréfiéé	No torréfié	Torréfié	No torréfié
2009								
Cadmium	0.145±0.01	0.16±0.01	0.16±0.003	0.16±0.003	0.14±0.004	0.14±0.004	0.10±0.003	0.14±0.003
Chrome	0.02±0.003	0.03±0.05	0.01±0.003	0.02±0.003	0.06±0.001	0.06±0.003	0.01±0.003	0.02±0.003
Cuivre	0.41±0.003	0.62±0.005	0.38±0.003	0.4±0.005	0.35±0.003	0.45±0.003	0.55±0.006	0.83±0.003
Zinc	0.52±0.003	0.49±0.003	0.39±0.003	0.16±0.003	0.33±0.003	0.43±0.003	0.65±0.003	0.37±0.003
Plomb	0.433±0.004	0.340±0.000	0.494±0.003	0.084±0.001	0.212±0.005	0.234±0.006	0.216±0.002	0.372±0.001
2010								
Cadmium	0.16±0.003	0.14±0.004	0.17±0.005	0.09±0.006	0.14±0.008	0.13±0.002	0.16±0.005	0.12±0.008
Chrome	0.03±0.008	0.02±0.009	0.03±0.008	0.02±0.008	0.06±0.003	0.03±0.005	0.03±0.007	0.04±0.002
Cuivre	0.36±0.002	0.46±0.002	0.64±0.002	0.43±0.001	0.98±0.008	0.94±0.01	1.56±0.1	0.97±0.01
Zinc	0.43±0.004	0.31±0.002	0.31±0.006	0.17±0.002	0.53±0.002	0.49±0.004	0.68±0.008	0.14±0.006
Plomb	0.367±0.007	0.161±0.002	0.161±0.001	0.252±0.004	0.12±0.005	0.039±0.001	0.454±0.001	0.478±0.002
2011								
Cadmium	0.18±0.003	0.12±0.001	0.14±0.007	0.13±0.004	0.16±0.003	0.15±0.003	0.12±0.008	0.11±0.005
Chrome	0.03±0.003	0.02±0.001	0.02±0.003	0.02±0.001	0.06±0.004	0.03±0.006	0.02±0.005	0.04±0.001
Cuivre	0.57±0.002	0.4±0.002	0.48±0.003	0.36±0.006	0.36±0.002	0.17±0.001	1.08±0.003	0.38±0.001
Zinc	0.65±0.003	0.29±0.003	0.23±0.001	0.18±0.001	0.34±0.002	0.32±0.006	0.69±0.005	0.31±0.003
Plomb	0.207±0.002	0.180±0.007	0.45±0.001	0.331±0.433	0.222±0.005	0.034±0.001	0.121±0.004	0.623±0.005

Table V. 3 : Teneurs en oligoéléments (mg kg^{-1}) dans l'huile d'argan.

	Essaouira		Taroudant		Ait Baha		Agadir	
	Torréfié	No torréfié	Torréfié	No torréfié	Torréfié	No torréfié	Torréfié	No torréfié
2009								
Fer	0.77±0.01	0.83±0.01	3.04±0.03	1.61±0.03	0.95±0.005	0.96±0.06	1.55±0.02	1.98±0.03
Potassium	0.42±0.008	0.46±0.006	1.10±0.004	0.49±0.003	0.47±0.003	0.49±0.003	0.61±0.007	0.52±0.006
Magnésium	4.33±0.06	2.82±0.08	7.62±0.03	2.42±0.08	4.52±0.02	3.61±0.02	5.95±0.06	2.42±0.06
Calcium	7.98±0.01	7.93±0.02	11.1±0.03	3.68±0.09	7.01±0.02	5.02±0.03	11.7±0.03	12.5±0.04
Phosphore	10.66±0.049	7.754±0.016	20.82±0.112	1.637±0.006	12.51±0.022	9.606±0.021	13.41±0.02	5.765±0.037
2010								
Fer	0.70±0.01	0.74±0.02	0.66±0.008	0.89±0.01	0.35±0.004	0.20±0.004	0.50±0.01	1.18±0.03
Potassium	0.55±0.003	0.38±0.05	0.78±0.001	0.43±0.001	0.77±0.002	0.69±0.004	0.64±0.003	0.43±0.005
Magnésium	3.57±0.008	3.11±0.004	6.53±0.01	6.47±0.01	3.57±0.02	2.28±0.002	1.35±0.008	1.50±0.03
Calcium	11.0±0.4	6.84±0.3	11.3±0.08	4.41±0.06	9.01±0.02	8.6±0.02	28.5±0.8	15.3±0.1
Phosphore	8.493±0.008	8.607±0.080	17.790±0.35	1.442±0.006	13.507±0.02	6.74±0.018	0.538±0.005	3.447±0.018
2011								
Fer	0.98±0.007	0.71±0.02	0.84±0.02	0.82±0.01	0.97±0.004	0.64±0.01	2.28±0.003	2.5±0.05
Potassium	0.57±0.005	0.39±0.007	1.1±0.01	0.51±0.006	0.48±0.002	0.43±0.005	0.88±0.001	0.98±0.002
Magnésium	3.06±0.004	2.89±0.01	6.19±0.006	6.32±0.05	4.53±0.01	1.99±0.01	8.54±0.02	0.94±0.001
Calcium	9.65±0.03	6.94±0.03	9.22±0.03	3.02±0.02	7.01±0.02	4.83±0.01	11.78±0.03	4.2±0.01
Phosphore	7.884±0.007	6.937±0.084	23.69±0.279	1.194±0.017	12.517±0.022	5.399±0.033	26.40±0.059	3.273±0.32

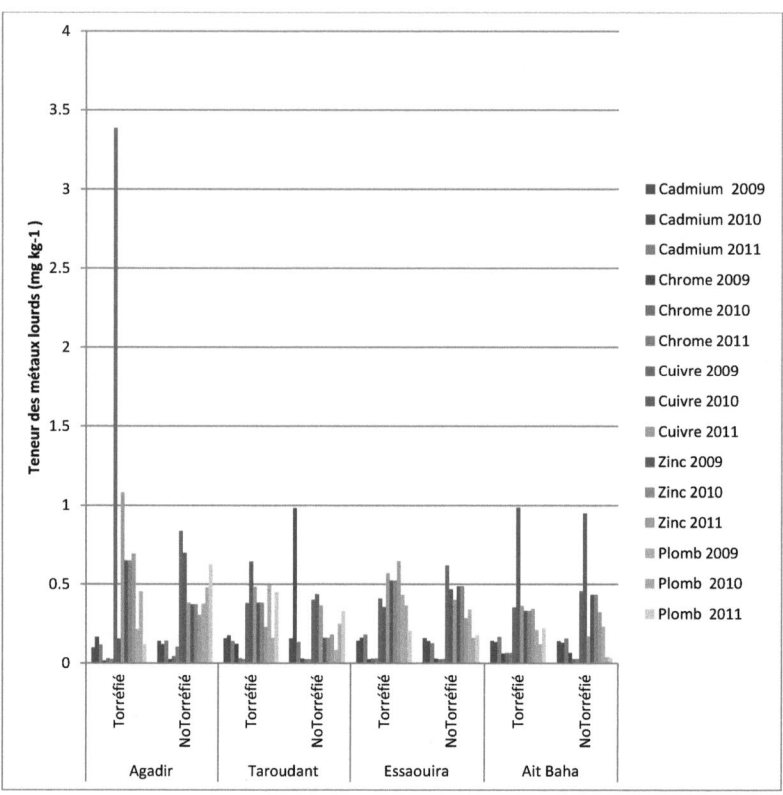

**Figure V. 2 : Représentation des différentes teneurs en métaux lourds dans
l'huile d'argan.**

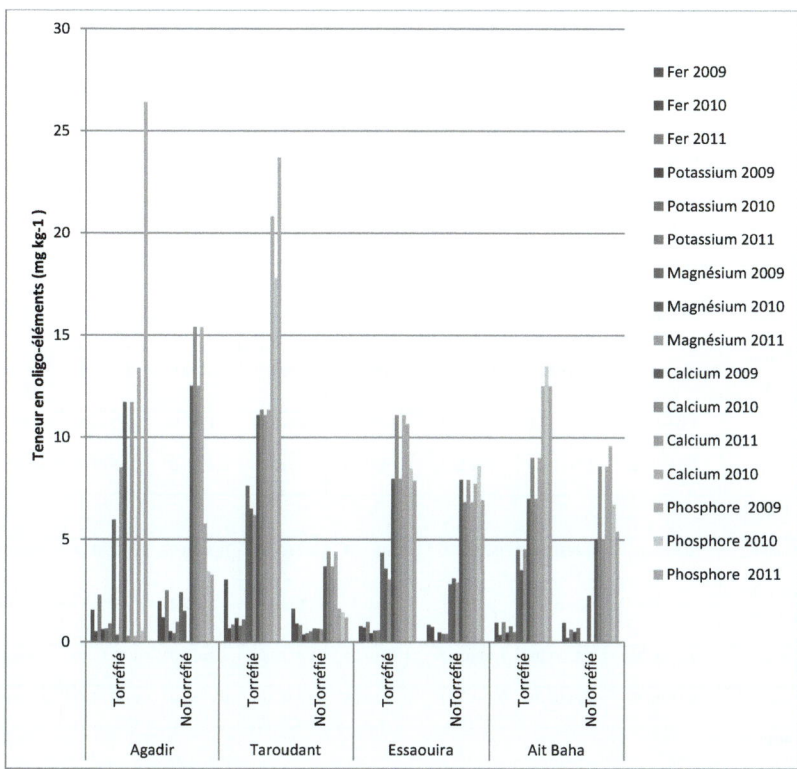

Figure V. 3 : Représentation des différentes teneurs en oligoéléments dans l'huile d'argan.

V.2.2) ETUDE DES CARACTERISTIQUES PHYSICO-CHIMIQUES DE L'HUILE D'ARGAN

Le tableau V.4 résume les résultats de l'acidité, l'indice de peroxyde et les valeurs de l'extinction spécifique à 270 nm et à 232nm d'huile d'argan préparé à partir des grains torréfiés et non torréfiés pendant trois ans.

Tableau V. 4 : Paramètres physico-chimiques de l'huile d'argan préparée à partir des grains torréfiés et non torréfiés.

	Essaouira		Taroudant		Ait Baha		Agadir	
	Torréfiée	No torréfiée	Torréfiée	No torréfiée	Torréfiée	No torréfiée	Torréfiée	No torréfiée
2009								
Acidité[a]	0.54±0.03	0.31±0.01	0.36±0.04	0.34±0.02	0.27±0.02	0.43±0.04	0.39±0.02	0.29±0.01
Indice de peroxyde[a]	1.7±0.3	2.1±0.2	2.9±0.4	2.7±0.5	1.9±0.2	1.3±0.5	2.8±0.5	1.85±0.5
K_{232}	1.01±0.02	1.35±0.01	1.52±0.04	1.36±0.02	1.29±0.01	1.17±0.03	1.73±0.01	1.69±0.02
K_{270}	0.26±0.06	0.24±0.04	0.25±0.02	0.29±0.05	0.25±0.03	0.22±0.01	0.18±0.06	0.20±0.01
2010								
Acidité[a]	0.3±0.01	0.28±0.03	0.2±0.04	0.54±0.04	0.23±0.01	0.31±0.02	0.33±0.01	0.49±0.01
indice de peroxyde[a]	2.2±0.4	2.4±0.2	1.2±0.4	2.7±0.3	3.1±0.4	1.3±0.2	2.0±0.5	2.9±0.5
K_{232}	1.21±0.01	1.23±0.03	1.17±0.07	1.23±0.01	1.41±0.06	1.20±0.01	1.67±0.06	1.95±0.05
K_{270}	0.16±0.05	0.21±0.01	0.19±0.02	0.26±0.06	0.23±0.02	0.27±0.06	0.23±0.01	0.27±0.08
2011								
Acidité[a]	0.26±0.02	0.21±0.01	0.27±0.02	0.34±0.04	0.26±0.01	0.35±0.05	0.25±0.05	0.39±0.01
indice de peroxyde[a]	1.2±0.3	1.1±0.2	0.98±0.2	1.7±0.3	1.7±0.5	1.9±0.2	2.5±0.5	3.1±0.4
K_{232}	1.19±0.04	1.25±0.03	1.35±0.01	1.26±0.09	1.38±0.01	1.25±0.03	1.93±0.01	2.25±0.05
K_{270}	0.18±0.02	0.24±0.04	0.25±0.01	0.29±0.06	0.25±0.02	0.22±0.01	0.18±0.05	0.20±0.06

V.2.2.1) ACIDITE

L'acidité est exprimée en pourcentage en acide oléique. Les résultats de l'acidité des huiles extraites des noix récoltées de 2009 à 2011 sont représentés dans Figure V.4.

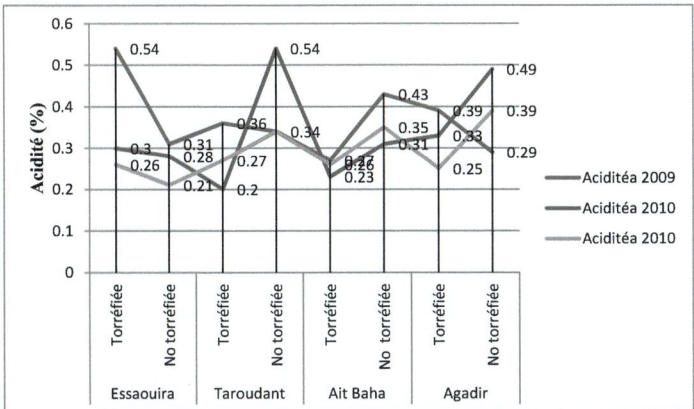

Figure V. 4 : Evolution de l'acidité en fonction de la région et la durée de récolte des amandes de l'arganier.

Cette figure représente l'évolution de l'acidité des huiles extraites en fonction de la région et de la durée de la récolte des amandons durant 3 ans.

Cette figure révèle une influence significative de la spatio-temporelle de récolte des amendons. L'acidité atteint un maximum de 0.54 pour l'huile torréfiée d'Essaouira en 2009 et 0.54 pour l'huile no torréfiée de Taroudant en 2010, alors que l'acidité atteint des maximums de 0.49, 0.43pour l'huile no torréfiée d'Agadir et d'Ait Baha en 2010 et en 2009 respectivement.

La torréfaction apparaît également comme paramètre influençant la valeur d'acidité d'huile d'argan. En effet, la valeur d'acidité des échantillons des huiles préparées à partir des amandes torréfiées est inférieure à celles d'huiles préparées à partir des amandes non torréfiées. Toute fois la valeur d'acidité pour toutes les huiles extraites (torréfiée, non torréfiée) n'atteint pas 0.8, valeur maximale recommandée par SNIMA pour les huiles d'argan extra vierges [91].

V.2.2.2) INDICE DE PEROXYDE

L'indice de peroxyde a été déterminé après 1an, 2ans et 3 ans de récolte. Les résultats obtenus sont présentés sur la figure V.5.

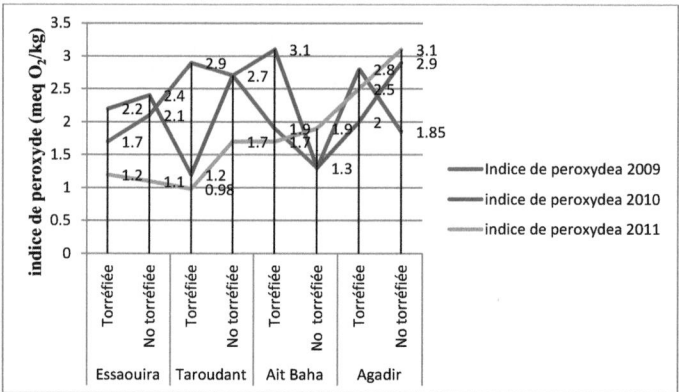

Figure V. 5 : Evolution de l'indice de peroxyde en fonction de la région et la durée de récolte des noix de l'arganier.

Pour tous les échantillons, on a observé un indice de peroxyde inférieur à celui exigé pour l'huile d'olive vierge [100].

L'indice de peroxyde des échantillons d'Ait Baha et d'Agadir est plus élevé pour les échantillons récoltés en 2010 et en 2011 respectivement. Tandis que l'indice de peroxyde est plus élevé pour les échantillons des Taroudant, Essaouira qui sont récoltés en 2009 et 2010 respectivement.

118

La torréfaction semble également influencer la valeur de l'indice de peroxyde de l'huile d'argan. En effet, dans la plupart des échantillons préparés à partir des amandes torréfiées, la valeur de l'indice de peroxyde est élevée par rapport aux échantillons préparés à partir des amandes non torréfiées.

V.2.2.3) EXTINCTION SPECIFIQUE EN UV

Tous les corps gras naturels contiennent de l'acide linoléique en quantité plus ou moins importante. L'oxydation d'un corps gras conduit à la formation d'hydro-peroxyde linoléique qui absorbe la lumière au voisinage de 232 nm.

Si l'oxydation se poursuit, il se forme des produits secondaires d'oxydation, en particulier des dicétones et des cétones insaturées qui absorbent la lumière vers 270 nm.

L'extinction spécifique à 232 nm et à 270 nm d'un corps gras peut donc être considérée comme une image de son état d'oxydation. Plus son extinction à 232nm est forte, plus il est peroxydé ; plus celle à 270 nm est forte, plus il est riche en produits secondaires d'oxydation.

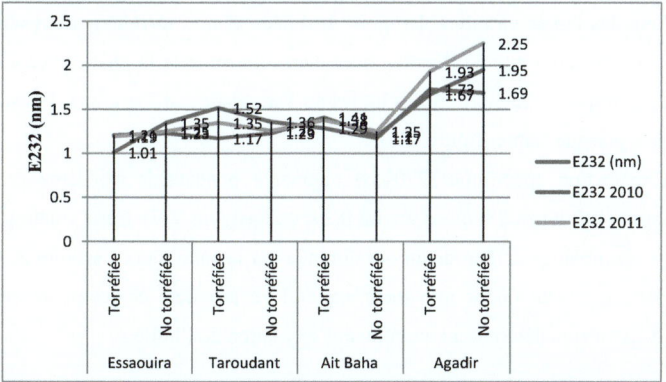

Figure V. 6 : Evolution de l'extinction spécifique (K232) en fonction de la région et la durée de récolte des noix de l'arganier.

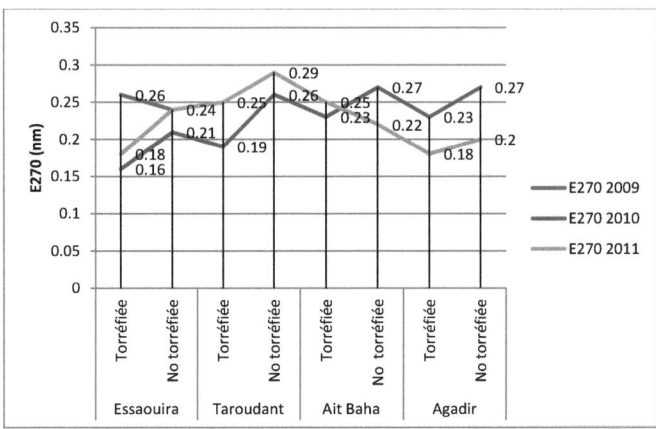

Figure V. 7 : Evolution de l'extinction spécifique (K270) en fonction de la région et la durée de récolte des noix de l'arganier.

Pour les huiles extraites des noix torréfiées et non torréfiées d'Agadir et de Taroudant, pendant 3 ans de l'étude, présentent l'absorbance la plus élevée à 232_{2011} et à 232_{2009} respectivement. Pour les huiles de Taroudant et d'Essaouira, l'absorbance à 232 reste presque stable (figure V.6).

L'extinction spécifique (270_{2011}) augmente pendant la troisième année de récolte pour les 2 types d'huile et atteint 0.29, 0.25 (figure V.7). Cette valeur présente la valeur maximale pour Taroudant qui diminue par la suite. Pour Essouira et Agadir, on constate que leur valeur maximale apparait en première et deuxième année de récolte. Ces valeurs démontrent clairement l'oxydation de l'huile.

V.3) CONCLUSION

Les éléments traces ont été analysés dans l'huile d'argan par absorption
atomique ICP-AES. Cette méthode permet de détecter et de confirmer certaines
adultérations spécifiques dans l'huile d'argan.

Les échantillons ont été récoltés des quatre régions du Maroc, en raison de deux
échantillons par région.

Ainsi, les résultats de l'analyse des données obtenus à différentes dates (2009,
2010, 2011) montrent que les variabilités spatio-temporelles n'influent pas sur la
teneur des éléments traces dans l'huile d'argan d'une part. D'autre part, l'étude des
caractéristiques physico-chimiques d'huile d'argan montre que la torréfaction des
amandes du fruit de l'arganier apparaît comme paramètre influençant la valeur
d'acidité et l'indice de peroxyde.

CONCLUSION GENERALE

CONCLUSION GENERALE

Dans ce travail, nous avons étudié le transfert des métaux lourds et oligoéléments dans l'arganier. Ainsi nous avons étudié en premier temps l'effet du phosphore, du chrome et du cadmium sur la croissance de 10 arbres d'arganier à différentes concentrations. Les essais ont été réalisés dans une chambre de culture pendant deux mois. Après, ils ont été placés ailleurs en plein air. Huit concentrations croissantes, (0,38 ; 0,75 ; 1,5 et 3M) d'acide phosphorique, et (1ppm, 1,5ppm, 2ppm et 2,5ppm) de chrome et de cadmium ont été testées afin de déterminer le seuil qui entrave la croissance. Pour l'ensemble des essais, 10 arbres ont été semés, à raison d'un arbre par concentration et deux témoins. Les résultats obtenus montrent que les concentrations d'acide phosphorique ont un effet remarquable sur la croissance des arbres d'arganier étudiés, tandis que la présence de quantités importantes du chrome et du cadmium conduit au mort de l'arbre. En effet, les moyennes des taux de croissance de ces arbres obtenues ont montré que le pouvoir de croissance augmente avec l'augmentation de la concentration de l'acide phosphorique.

Pour pouvoir déterminer la répartition du phosphore entre les différentes parties de l'arganier et son effet sur sa croissance, une caractérisation a été faite sur l'ensemble des macroéléments et oligoéléments. La teneur en phosphore et en quelques éléments traces dans les parties aérienne (feuilles, bois) et dans le sol ont été déterminées par la méthode ICP-ES. Cette analyse a été réalisée sur plusieurs arbres à différents dates. Les résultats des caractéristiques des arganiers ont été traités à l'aide d'une méthode statistique qui est l'analyse en analyse factorielle multiple normée (AFM).

Cette analyse montre que le comportement de ces éléments analysés dans les différentes parties d'arganier (sol, bois, feuilles) corrèle entre eux. Cette méthode a permis d'analyser les 3 groupes simultanément. Ces groupes sont assez proches. Globalement les dates de mesures n'influent pas sur la dispersion des données.

Les arbres ne sont pas homogènes par rapport aux mesures réalisées, il existe des différences importantes. Les arbres C et D sont assez proches, mais peuvent se distinguer suivant certaines richesses au niveau des feuilles.

L'étude de modélisation de la distribution des métaux lourds et oligoéléments dans le sol forestier d'argan et dans les parties de l'arganier a permis dans notre étude d'apporter des renseignements précieux sur le devenir des éléments traces dans l'arganier. Cette étude a permis de constater que les éléments métalliques étudiés (Cr, Cd, Cu, Zn, Pb, Fe, Ca, K, Mg et P) se répartissent en deux groupes. Le premier comprend le chrome, le cadmium, le plomb, le zinc et le cuivre, alors que le deuxième comprend le fer, le potassium, le magnésium, le calcium et le phosphore.

Les métaux lourds et oligoéléments ont été analysés dans les arganiers par absorption atomique. Pour cette analyse, les échantillons d'arganier ont été récoltées sur des arbres adultes de cinq différentes zones géographiques (Essaouira, Taroudant, Ait Baha, Agadir and Tiznit) et de cinq échantillons (sol, bois, feuilles, amandes, huile) par arbre.

Une analyse en composantes principales des données analytiques effectuée sur l'ensemble des résultats obtenus, met en évidence des différences marquées des comportements des métaux étudiés. Cette analyse montre que les dix métaux analysés dans les différentes parties d'arganier corrèlent positivement entre eux.

Ces résultats indiquent que la chimiométrie est une méthode importante pour l'interprétation des résultats analytiques. Les résultats de l'analyse ont montré que l'huile d'argan de cinq différentes zones géographiques est riche en phosphore. La plupart des arbres étudiés ont été caractérisés par une teneur élevée en calcium.

L'étude spatio-temporelle de transfert des éléments diététiques dans les huiles d'argan extrait des échantillons récoltés des quatre régions à différents date (2009, 2010, 2011) a montré que la période et la région de la récolte n'influent pas sur la teneur des éléments diététiques dans l'huile d'argan. Les éléments diététiques ont été analysés par absorption atomique ICP-AES. Cette méthode permet de détecter et de confirmer certaines adultérations spécifiques dans l'huile d'argan.

Ainsi, l'étude des caractéristiques physico-chimiques d'huile d'argan montre que la torréfaction des amandes du fruit de l'arganier apparaît comme paramètre influençant la valeur d'acidité et l'indice de peroxyde.

Dans le but de mieux comprendre le transfert des métaux lourds, l'étude de l'influence de certains paramètres physico-chimiques sur le degré de pureté de l'huile d'argan s'est avérée utile pour pouvoir modéliser et optimiser les teneurs en ces métaux en fonction des paramètres influents.

REFERENCES

[1]. RADI N. L'Arganier: arbre du sud-ouest Marocain, en péril, à protéger. THESE D'ETAT.UNIVERSITE DE NANTES, 2003.

[2]. Outmani N EL. La problématique de développement de l'arganeraie marocaine. In : Journées d'étude sur l'arganier,Essaouira 23-24, juin 1988.

[3]. Benzyane M. Le rôle socio-économique et environnemental de l'arganier. Actes des Journées d'étude sur l'arganier, Essaouira, 29-30, septembre 1995.

[4]. Naggar M. L'arganeraie : un parcours typique des zones arides et semi-arides marocaines ; Article scientifique, Sécheresse vol. 17, n° 1-2, janvier-juin 2006

[5]. Chriqi A., Ballouk A., Houjjaji A., Adnan A., Bacha L., Addebbous R.. L'huile d'argan : un produit de terroir. 2003.

[6] Charrouf. M. Contribution à l'étude chimique de l'huile d'Argania spinosa (L.) (Sapotaceae). Thèse Sciences Univ. de Perpignan.1984.

[7]. M'hirit. O., EL Habid. A. L'arganier, une espèce fruitière à usage multiple. In:formation Forestière Continue, Thème « l'arganier ».Station de Recherches Forestières, Mars 1989. Rabat.13-17, P: 6-8.

[8]. Harhar H. Contribution a la valorisation de l'arganier (Argania Spinosa (L.,) Sapotaceae). Thése, Université mohammed V-Agdal-Rabat. 2009.

[9]. Norme marocaine homologuée de corps gras d'origines animale et végétale, huiles d'argane NM 08.5.090. Ministère de l'Industrie, du Commerce, de l'Energie et des Mines 2002.

[10]. Charrouf Z., El kabouss A., Nouaim R., BensoudaY. et Yaméogo R., Al Biruniya, Revuemarocaine de pharmacognosie, 1997, 13 ,35 –39.

[11]. Collier A., Lemaire B. Etude des caratenoïdes de l'huile d'argan. Cah. Nutr. Diét. IX (4). 1974.

[12]. Sandre F G. Etude préliminaire des glucides et du latex de la pulpe du fruit d'Argan Variation au cours de la maturation, Bull. Soc. Chim. Biol, 1957.

[13]. Benzyane M., Khatouri M. Estimation de la biomasse des peuplements d'Arganier. Annales de la recherche forestière au Maroc, 1991.

[14]. Charrouf Z., El Kabouss A., Nouaim R.., Bensouda Y. et Yaméogo R. Etude de la composition chimique de l'huile d'argan en fonction de son mode d'extraction. Al Biruniya, 1997.

[15]. Charrouf Z. Valorisation des produits de l'arganier pour une gestion durable des zones arides du sud-ouest marocain. Actes du 4 Colloque Produits naturels d'origine végétale (Ottawa 26-29 Mai 1998).

[16]. Berrada M. Etude de la composition de l'huile d'argan. Al Awamia. 1972.

[17]. Fabre B., Fort-Lacoste L., Charveron M. L'intérêt de l'huile d'argan vierge et enrichie en insaponifiable ainsi que les peptides extrait de tourteaux en cosmétologie. In: Colloque International sur les ressources végétales 'L'Arganier et les plantes deszones arides et semi-arides', Agadir 23-25 avril 1998.

[18]. Huyghebaert et Hendrick. Quelques aspects chimiques, physiques et technologiques de l'huile d'argan. Oléagineux. 1974, 1, 29-31.

[19] Belcadi R. Etude des variations du système antioxydant cellulaire en fonction de l'âge et de l'apport alimentaire d'acides gras polyinsaturés, chez le rat. Influence particulière de l'ingestion de l'huile d'argan. Thèse 3ème cycle. Univ. Ibnou Zohr. Agadir. 1994.

[20] Maurin R., Fellat-Zarrouck K., and Ksir M. Positional analysis and determination of triacylglycerol Structure of Argania spinosa seed oil. JAOCS (69), 1992.

[21] Fellat Zarrouck K. Etude des corps gras d'origine marocaine : huile d'olive ; huile de sardines ; huile d'argan (Argania spinosa). Thèse Univ. De Provence, France. 1987.

[22]. Charrouf Z et Guillaume D. Huile d'argane une production devenue adulte, Les Technologies de laboratoire - N°6 Septembre - Octobre 2007.

[23]. Fellat-Zarrouck K., Smoughen S et. Maurin R: Etude de la pulpe du fruit de l'arganier (argania spinosa) du Maroc. Matières grasse et latex, Actes Inst. Agron. Vet. 1987, 7.

[24]. Sandert F. la Pulpe d'Argan, Composition Chimique et Valeur Fourragère, Ann. Rech .Forestière Maroc., 1956, 4, 151-175.

[25]. Dupin. L'arganier survivant de la flore tertiaire providence du sud marocain, élevage et cultures, 1949, 3, 28-334.

[26]. Charrouf Z. Valorisation des produits d'argania spinosa (L), Sapotaceae. Etude de la composition chimique et de l'activité biologique du tourteau et de l'extrait lipidique de la pulpe, Thèse d'état, Fac. Sci. Unv. Mohamed V Agdal Rabat, 1991.

[27]. Didry N., Pinkas M et Torck M. Sur la composition chimique et l'activité antibactérienne des feuilles de diverses espèces de grinde. Pl. Méd. Phtother.XVI : 1982, 7-15.

[28]. Charrouf Z et Guillaume D. Saponines et métabolites secondaires de l'arganier (argania spinosa), Cahiers Agricultures, novembre décembre 2005, 14, 6.

[29]. Alaoui A., Charrouf Z., Dubreueq G., Maes E., Michalski JC. et Soufiaoui M. Saponins from the pulp of the fruit of argania spinosa (L.) skeels (sapotaceae), In: International symposium of the phytochemical society: lead compounds from higher plants. Lausanne. 2001.

[30]. Tahrouch S., Andary C., Rapior S., Mondolot L., Gargadennec A et Fruchier A. Polyphenols investigation of Argania spinosa (sapotaceae) endemic tree from Morocco. Acta Bot. Gallica. 2000, 147 : 225-232.

[31]. Cotton. Etude sur la noix d'argane: Nouveau principe immédiat, l'arganine. J. Pharm. Chim. 1888, 18: 298.

[32]. Kitagawa I., Inada A et Yusioka I. Saponin and sapogenol-XII. Misaponin A and D, two major bidesmosides from the seed kernels of Madhuca longifolia (L.) Macbride. Chem. Pharm. Bull, 1975. 23: 2268-2278.

[33]. HILALI M. Contribution à la valorisation de l'arganier (Argania spinosa (L.,) sapotaceae). Thése, Université mohammed V-Agdal-Rabat. 2008.

[34]. Gosse B.K., Gnabre J.N., Bates R.B., Nakkiew P., Huang R.C.C. Antiviral saponins from Tieghemella heckelii. J. Nat. Prod. 2002, 65:1942-1944.

[35]. EMBERGER L. Les végétaux vasculaires.Masson, Paris, 1960.

[36]. Chahboun J. La filière triterpénique dans les lipides des feuilles d'Argania spinosa, Thèse d'université, Univ de Perpignan. France. 1993.

[37]. Kabouss A., Charrouf Z., Oumzil H., Faid M., Lamnouar D., Miyata Y., et Miyahara K. Caractérisation des flavonoïdes des feuilles de l'arganier (Argania spinosa (L.) Skeels, Sapotacée) et étude de leur activité anti-microbienne. Actes Inst. Agron. Vét. University of Rabat, Maroc. 2001.

[38]. Aumente Rubio MD., Ayuso Gonzalez MJ., Garcia Giminez MD., et Toro Sainz MV. Les flavonoïdes isolés d'Erica andevalesis Cabezudo-ribera : Contribution à l'étude de l'activité antimicrobienne de l'espèce, Plantes Médicinals et Phytothérapie. 1988, 22 : 113-118.

[39]. Kabous A. Contribution à l'étude des flavonoïdes des feuilles de l'arganier. (Argania spinosa (L.) Sapotaceae. Mémoire CEA. Univ. Mohammed V. Rabat. 1995.

[40]. Oulad A., Kirchner V., Lobstein A., Weniger B., Anton R., Guillaume D., et Charrouf Z. Structure elucidation of three triterpene glycosides from the trunk of argania spinosa. J. Nat. Prod. 1996, 59: 193-195.

[40]. Fakhar N., Charrouf Z., Coddeville B., Leroy Y., Michalski J., et Guillaume D. Nouveaux saponosides triterpeniques du bois de l'arganier (Argania spinosa (L.) Skeels. Sapotaceae). J. Nat. Med. 2007.

[42]. Coïc Y., Coppenet M. Les oligoéléments en agriculture et élevage. INRA- ISBN 1989, 2-7380-0138-6,114.

[43]. Baize D. Teneurs totales en éléments traces métalliques dans les sols (France). INRA Editions, Paris. 1997, 408.

[44]. Ablain F. Rôle des activités lombriciennes sur la redistribution des éléments traces métalliques issus de boue de station d'épuration dans un sol agricole. Thése, Université de Rennes. 2002, 8.

[45]. Blanchard C. Caractérisation de la mobilisation potentielle des polluants inorganiques dans les sols pollués. Thèse spécialité : Science et technique du déchet. Ecole doctorale de chimie de Lyon France. 2000, 241.

[46]. Juste C., Chassin P., Gomez A., Lineres M., Mocquo B., Feix I et Wiart J. Les micropolluants métalliques dans les boues résiduaires des stations d'épuration urbaine. Convention ADEME – INRA. 1995, 209.

[47]. Adriano D.C. Trace elements in the terrestrial Environment, Springer- Verlag, New York. 1986, 533.

[48]. Kabata-Pendias A. Trace elements in soil qnd plants. 3rd edition, CRC Press, Boca Raton. 2001,413.

[49]. Sposito G. The Chemistry of soil, Oxford University Press, Oxford. 1989, 227.

[50]. Stevenson F.J et Cole A. Micronutrients and toxic metals. In cycles of soils, 2nd edition, John wiley and sons inc, Nez Yrok. 1999, 427.

[51]. Alloway B.J. Heavy metals in soil, 3rd Edition, john wiley and sons, Somerst. 1995. 339.

[52]. Kabata-Pendias A., Mukherjee A.B. Trace elements from soil to human. Springer, Berlin. 2007, 550.

[53]. Starr M., Lindroos A.J. Ukonmaanaho L., Tarvainen T et Tanskanen H. Weathering release of heavy metals from soil in comparison to deposition, litterfall and leaching fluxes in a remote, boreal coniferous forest. Applied geochemical. 2003, 18: 607-613.

[54]. Courchesne F., Hallé J. P., Turmel M. C. Bilans élémentaires holocénes et altération des minéraux dans trois sols forestiers du Québec méridional. Géographie Physique et Quaternaire.2002, 56: 5-17]

[55]. Nriagu J. O. A global assessment of natural sources of atmospheric trace metals. Nature. 1989, 338: 47-49.

[56] Nriagu J.O. A History of global metal pollution. 1996, 272: 5259. 223-224

[57]. Brannvall M.E., Bindler R and Renberg I. The medieval metal industry was the cradle of modern large-scale atmospheric lead pollution in Northern Europe. Environmental Science and Technologies. 1999, 33:4391-4395.

[58]. Pacyna J.M and Pacyna E.G. An assessment of global and regional emissions of trace metals to the atmosphere from anthropogenic sources worldwide. Environmental Review. 2001, 9: 269-298.

[59]. Klaminder J., Bindler R and Renberg I. The biogeochemistry of atmospherically derived Pb in the boreal forest of Sweden. Applied Geochemistry. 2008, 23: 2922-2931.

[60]. Courchesne F., Cloutier-Hurteau B and Turmel M.C. Relevance of rhizosphere research to the ecological risk assessment of trace metals in soil. Human and ecological risk assessment: An international journal. 2008, 14: 54-72.

[61]. Rauche J.N ET Pacyna J.M. Earth's global Ag, Al, Cr, Cu, Fe, Ni, Pb and Zn cycles. Global Biogeochemical cycles. 2009, 23: 1-16.

[62]. Marschner H. Mineral nutrition in higher plants. Academic Press. Londres. 1986, 674.

[63]. Simard S.W. Mycorrhizal Networks and complex systems: Contribution of soil ecology science to managing climate change effects in forested ecosystem. Can. J. Soil Sc. 2009, 89: 369-382.

[64]. Hinsinger P., Gobran G.R., Gregory P.J and Wenzel W.W. Rhizosphere geometry and heterogeneity arising from rootmediated physical and chemical processes. New phytologist. 2005, 168: 293-303.

[65]. Fleury N. Biodisponibilité des métaux Cd, Mg, Mn et Zn dans la rhizosphère du bouleau jaune et de l'érable à sucre d'un sol forestier. Mémoire de maitrise, Département de géographie, Université de Montréal. 2007, 122.

[66]. Dalenberg JW., Driel JV. Contribution of Atmospheric Deposition to Heavy Metals Concentration in Field Crops. Netherlands J. Agric. Sci. 1990, 38: 369-379.

[67]. Ferrandon M., Chamel A. Foliar uptake and translocation of iron, zinc, and manganese. Influence of chelating agents. Plant Physiol. Biochem. 1989, 27:713-722.

[68]. Prasad M N V., Hagemeyer J. Heavy metal stress in plants (from molecules to ecosystems). Springer-Verlag, Berlin, Heidelberg. 1999.

[69]. Bargagli R., Sanchezhernandez J.C., Martella, L., Monaci, F. Mercury, cadmium and lead accumulation in Antarctic mosses growing along nutrient and moisture gradients. Polar Biol. 1998, 19: 316-322.

[70]. Marschner H. Beneficial Mineral Elements. In: Mineral Nutrition of Higher Plants (2nd Ed.). Academic Press, London. 1995, 405–434.

[71]. McRoy CP., Barsdate RJ., Nebort M. Phosphorus cycling in an eelgrass ecosystem. Limnology and Oceanography. 1972, 17: 58–67.

[72]. Della Patrona L., Brun P., Herbland A. Les sols des fonds de bassins et leur gestion durant les assecs. Etat des connaissances. Ifremer/DAC/RST. 2007-03, 52.

[73]. Mohammed F., Bchitou R., Nachid N., Bouhaouss A. Effects of phosphoric acid, cadmium and chromium on the growth of Argan trees. Journal of Physical and Chemical News. 2011, 57: 128-134.

[74]. Kenny L., Bakkalil Kasimi M. Etude sur la composition minérale de l'arganier (Argania spinosa L.). Colloque intrenational sur l'arganier-Agadir. 1995, 26-28.

[75]. Escofier, B., Pagès, J. Analyses factorielles simples et multiples DUNOD, 1990.

[76]. Robert, P., Escoufier Y. A Unifying Tool for Linear Multivariate Statistical Methods: The RV-Coefficient. Applied Statistics 1976, 25 (3), 257–265.

[77]. Mohammed F., Bchitou R ., Roger JM ., Bouhaouss A ., Palagos B. Modeling and optimization of relocation of some heavy metals and micro-nutrients in the argan trees small. Journal of Chemistry and Chemical Engineering: 2011, 5: 663-669.

[78]. Buldini PL., Ferri D., Sharma JL. Determination of some inorganic species in edible vegetable oils and fats by ion chromatography. J. Chromatogr. A. 1997, 789: 549–555.

[79]. Demirbas A. Concentrations of 21 metals in 18 species of mushrooms growing in the East Black Sea region. Food Chem. 2001, 75: 453–457.

[80]. Garrido DM., Frias I., Diaz C., Hardisson A. Concentrations of metals in vegetable edible oil.Food Chem. 1994, 50: 237-243.

[81]. Kubrakova I., Kudinova T., Formanovsky A., Kuz,min N., Tsysin G., Zolotov Y. Determination of chromium (III) and chromium (VI) in river water by electrothermal atomic absorption spectrometry after sorption preconcentration in a microwave field. The Analyst. 1994, 119: 2477-2480.

[82]. La Pera L., Lo Coco F., Mavrogeni E., Giuffrida D., Dugo G. Determination of copper (II), lead (II), cadmium (II) and zinc (II) in virgin olive oils produced in Sicily and apulia by derivative potentiometric stripping analysis. Italian J. Food Sci. 2002, 14: 389-399.

[83]. Hendrikse PW., Slikkerveer FJ., Folkersma A., Dieffenbacher A. Determi-nation of copper, iron and nickel in oils and fats by direct graphite furnace atomic absorption spectrometry. Pure Appl. Chem. 1991, 63: 1183–1190.

[84]. Coco FL., Ceccon L., Ciraolo L., Novelli V. Determination of cadmium (II) and zinc (II) in olive oils by derivative potentiometric stripping analysis. Food Control. 2003, 14: 55–59.

[85]. Buldini PL., Ferri D., Sharma JL. Determination of some inorganic species in edible vegetable oils and fats by ion chromatography. J. Chromatogr. A, 1997, 789: 549–555.

[86]. Zeiner M., Steffan I., Cindric I., J. Determination of trace elements in olive oil by ICP-AES and ETA-AAS: A pilot study on the geographical characterization. Microchem. J. 2005, 81: 171–176.

[87]. Cindric IJ., Michaela Z., Steffan I. Trace elemental characterization of edible oils by ICP–AES and GFAAS. Microchem. J. 2007, 85: 136–139.

[88]. Erol P., Gulsin A., Fethiye G., Turkan A., Musa M. Determination of some inorganic metals in edible vegetable oils by inductively coupled plasma atomic emission spectroscopy (ICP-AES). GRASAS Y ACEITES. 2008, 59 (3): 239-244.

[89]. Bchitou R., Hamad M., Ferhat M. La répartition des métaux lourds à l'interface eau-sédiment dans le Sebou en amont de Kariat Ba Mohamed (Maroc). Vecteur environnement. 2002, 35 : 42-49.

[90]. Saporta G. Théories et méthodes de la statistique. Editions Technip, Paris. 1978, 493.

[91]. SNIMA. Service de normalisation industrielle marocaine. Huiles d'argane. Spécifications.Norme marocaine NM 08.5.090. Rabat: Snima, 2003.

[92]. Marfil R., Cabrera-Vique C., Gimenez R., Bouzas P. R., Martinez O., Sanchez J. A. Metal content and physicochemical parameters usd as quality criteria in virgin argan oil: Influence of the extraction method. Journal of Agricultural and Food Chemistry. 2008, 56: 7279-7284.

[93]. Underwood E., Mertz W. Trace elements needs and tolerances. In W. Mertz (Ed.), Trace elements in human and animal nutrition (pp. 11-19). London: Academic Press. 1987.

[94]. Bassaga H.S. Biochemical aspects of free radicals. Biochemistry and Cell Biology. 1990, 68: 989-998.

[95]. Dudka S., Miller W. P. Accumulation of potentially toxic elements in plants and their transfer to human food chain. Journal of Environmental Science and Health, Part B: Pesticides, Food Contaminants, and Agricultural Wastes. 1999, 34: 681-708.

[96]. Gonzalvez A., Armenta S., Guardia M. . Adulteration detection of argan oil by inductively coupled plasma optical emission spectrometry. Food Chemistry. 2010, 121: 878-886.

[97]. Gonzalvez A., Ghanjaoui M. E., El Rhazi, M., Guardia M. . Inductively coupled plasma optical emission spectroscopy determination of trace element composition of argan oil. Food Science and Technology International. 2010, 16: 65-71.

[98]. Hilali M., Charrouf Z., El Aziz Soulhi A., Hachimi L., Guillaume D. Influence of Origin and Extraction Method on Argan Oil Physico-Chemical Characteristics and Composition. Journal of Agricultural and Food Chemistry. 2005, 53: 2081-2087.

[99]. Mohammed F., Bchitou R., Bouhaouss A., Gharby S., Harhar H., Guillaume D., Charrouf Z. Can the dietary element content of virgin argan oils really be used for adulteration detection? Food Chemistry. 2013, 136 : 105-108.

[100]. Commission of the European Communities. Regulation 2568/91 on thecharacteristics of olive oil and olive-residue oil and on the relevant methods of analysis, Off. J. Eur. Comm. 2003, L 248: 1-109.

[101] ISO 660: Corps gras d'origines animale et végétale- détermination de l'indice d'acide et de l'acidité. 1996.

[102] ISO 3960: Corps gras d'origines animale et végétale- détermination de l'indice de peroxyde. 2001.

[103] ISO 3656: Corps gras d'origines animale et végétale- détermination de l'absorbance dans l'ultraviolet exprimée sous la forme d'extinction spécifique en lumière ultraviolette. 2002.

ANNEXES

1) EFFET D'ACIDE PHOSPHORIQUE, CHROME ET CADMUIM SUR LA CROISSANCE D'ARGANIER

1.1) MATERIAL VEGETAL

Les arbres d'arganiers utilisés pour nos essais proviennent du sud-ouest marocain pour chaque étude :

- Pour l'étude de l'effet d'acide phosphorique sur la croissance d'arganier, cinq arbres proviennent de la région d'Essaouira au mois d'avril 2008.

- Pour l'étude de l'effet du chrome et du cadmium sur la croissance d'arganier, cinq arbres proviennent aussi de la région d'Essaouira au mois de mai 2008.

Mode opératoire

On prépare les solutions d'arrosage chaque deux mois dans les mêmes conditions. Les solutions d'arrosage sont constituées de huit lots de concentrations croissantes, (0,38 ; 0,75 ; 1,5 et 3M) d'acide phosphorique, et (1ppm, 1,5ppm, 2ppm et 2,5ppm) de chrome et de cadmium, voisines de celle des eaux usées retrouvées tout près des arbres d'Argan de la région d'Essaouira.

Après avoir préparer les solutions, on place les arbres d'arganier dans une chambre de culture à une température de 25 ± 2 °C, sous une intensité lumineuse de 2500 lux et une photopériode journalière de 16 heures pendant deux mois. Après, on les place ailleurs en plein air. Pour l'ensemble de l'essai, 10 arbres ont été semés, à raison d'un arbre par concentration et deux témoins.

On arrose les arbres chaque semaine. Chaque arbre est arrosé avec 20 ml dont la concentration de solution d'arrosage, et deux arbre (S_0, S'_0) sont considérés comme témoin qui ont été arrosé avec l'eau de robinet. La taille de l'axe de la tige des arbres a été mesurée chaque deux mois.

Les valeurs de pH des solutions d'acide phosphorique, du chrome et du cadmium préparés sont données dans les tableaux (II.1, II.2, II.3).

Tableau II.1: pH des solutions d'acide phosphorique de molarité différentes.

Solutions d'acide phosphoriques	Molarité des solutions d'acides phosphoriques (M)	pH
1	-	7.33
2	3	1.57
3	1.5	2.43
4	0.75	2.66
5	0.38	2.92

Tableau II.2: pH des solutions du chrome à concentration différente.

Solutions du chrome	Concentration des solutions du chrome	pH
1	-	7.33
2	1ppm	6.51
3	1.5ppm	6.17
4	2ppm	6.08
5	2.5ppm	5.78

Tableau II.3: pH des solutions du cadmium à concentration différente.

Solutions du cadmium	Concentration des solutions du cadmium	pH
1	-	7.33
2	1ppm	6.61
3	1.5ppm	4.13
4	2ppm	6.67
5	2.5ppm	6.66

Calcul de la moyenne des taux de croissance

La moyenne des taux de croissance de l'axe de la tige d'arganier est calculé par la formule suivante :

$$T\% = \left\{1 - \frac{Tinitial}{Tfinal}\right\} \times 100$$

-*T%* : Le taux de croissance.

-*Tinitiale* : La taille des arbres avant l'arrosage.

-*Tfinale* : La taille des arbres après d'arrosage.

2) ANALYSE PHYSICO-CHIMIQUE DE SOL

2.1) PREPARATION DES ECHANTILLONS DES SOLS POUR ANALYSE PHYSICO-CHIMIQUE

Les échantillons des sols de l'étude sont prélevés à la profondeur de 10 cm de surface. Ces échantillons sont soumis aux différents traitements suivants:

Identification

Enregistrement les échantillons sous un numéro interne pour assurer la confidentialité.

Séchage a l'air

Les échantillons sont étalés sur des plateaux et sont placé sous la rampe de séchage pendant une nuit pour obtenir un état d'humidité relativement stable à l'air.

Broyage

Après séchage, les échantillons sont broyés à l'état de poudre fine.

Tamisage à 2mm

Les échantillons sont passés à travers le tamis de 10 mm, puis de 5 mm et de 2 mm.

2.2) DETERMINATION DU pH DU SOL

Définition

Le pH est un paramètre important de la dynamique du sol et il peut être influencé par divers facteurs. Le pH montre le degré de comportement du sol, et renseigne sur le complexe absorbant dans certains cas

Principe

La mesure du pH s'effectue sur une suspension de terre fine. Le rapport liquide/poids de terre doit être constant. Le pH doit être pris d'abord dans l'eau distillée bouillie, dans une solution normale de KCl, en utilisant la méthode électro-métrique à électrode de verre.

Mode opératoire:

pH dans l'eau distillée et KCl

Après broyage, tamisage à 2mm et séchage, on pèse 20 g de sol dans un bécher de 50 ml, puis on ajoute 50 ml d'eau distillée pour mesurer le pH dans l'eau (PH_{H2O}) ou bien 50 ml d'une solution de KCl (IN) pour mesurer le pH_{KCl}. On brasse énergétiquement le sol de manière à obtenir une suspension avec un agitateur magnétique durant quelques minutes et on laisse en contact pendant environ 20 hures à la température ambiante. Ensuite, on mesure le pH (PH_{H2O}, pH_{KCl}) à l'aide de PH mètre électronique (CRISON) après calibration avec des solutions tampon à PH 4, 7 et 9.

2.3) DOSAGE DE CARBONE TOTAL WALKEY-BLACK (1934)

Principe

Le carbone de la matière organique est oxydé par un mélange de bichromate de potassium en milieu sulfurique jusqu'au dégagement de CO_2. Le bichromate doit être en excès, la quantité réduite est proportionnelle à la teneur en carbone organique. L'oxydation du carbone peut se schématiser par l'équation suivante:

$$3C + 2K_2Cr_2O_7 + 8H_2SO_4 \longrightarrow 2K_2SO_4 + 2Cr_2(SO_4)_3 + 8H_2O + 3CO_2$$

L'excès de bichromate de potassium inutilisé dans la réaction est titré par la solution du sel de Mohr en présence de diphénylamine et de fluorure de sodium (FNa) (ou d'acide phosphorique d = 1,71). La couleur passe du bleu foncé au bleu vert.

Ce titrage en retour donne lieu à la réaction suivante:

$$K_2Cr_2O_7 + 7H_2SO_4 + 6FeSO_4 \longrightarrow K_2SO_4 + 2Cr_2(SO_4)_3 + 7H_2O + Fe$$

Par le calcul, on admet que l'oxygène consommé est proportionnel au carbone que l'on veut doser

$$C + O_2 \longrightarrow CO_2$$

Mode opératoire

On pèse 0,5 g de sol tamisé à 0,2 mm dans une fiole de 300 et 250 ml puis on ajoute 15 ml de bichromate de potassium 1N et 20 ml de H_2SO_4 concentré et on agite doucement. On laisse la fiole reposer une demi-heure. En suite, on ajoute 115 ml d'eau distillée et on bien homogénéise et laisse la fiole au repos pendant deux heures.

On Prélève ensuite 50 ml de solution surnageant dans une fiole de 250 ml puis on ajoute 5 ml de H_3PO_4 C.C et 3 à 4 gouttes de diphénylamine. On titre ensuite l'excès de bichromate par la solution de sel de Mohr. On constate que la couleur passe du bleu foncé au vert clair.

Préparation d'un témoin :

On introduit dans une fiole, 15 ml de bichromate de potassium 1 N, 20 ml d'acide sulfurique concentré et 115 ml d'eau distillée. On prélève 50 ml de solution, puis, on ajoute 5 ml de H_3PO_4 concentré. et 3 à 4 gouttes de diphénylamine. On titre par la solution de sel de Mohr.

Calculs:

Le taux de carbone en % de sol s'exprime de la façon suivante

$$\%C = ((V_1 - V_2) \times 5{,}85) / (p \times V_1)$$

Avec, V_1 : volume de la solution de sel de Mohr utilisée pour titrer le témoin

V_2: volume de la solution de sel de Mohr utilisée pour titrer l'échantillon

$T = 5/V_1$: normalité du sel de Mohr

3: quantité en g (ou en mg) correspondant à 1 ml de solution de $K_2Cr_2O_7$ 1 N,

100/77: facteur de correction pour la méthode WALKLEY et BLACK,

p: prise d'essai de sol (en g).

2.4) DETERMINATION DE LA TENEUR DE LA MATIERE ORGANIQUE

On peut également calculer la matière organique (M.O.). Le résultat obtenu en carbone est transformé pour obtenir la matière organique présente en prenant comme référence que 58 % du carbone organique de l'humus du sol constitue la matière organique.

% M.O. = % C × 1,724

2.5) DOSAGE DE L'AZOTE TOTALE (METHODE KHJELDAL)

Principe

L'azote des composés organiques est transformé en azote ammoniacal sous l'action de l'acide sulfurique concentré qui et porté à ébullition, se comporte comme un oxydant. Les substances organiques sont décomposées: le carbone se dégage sous forme de gaz carbonique, l'hydrogène donne de l'eau et l'azote est transformé en azote ammoniacal. Ce dernier est fixé immédiatement par l'acide sulfurique sous forme de sulfate d'ammonium.

Pour accroître l'action oxydante de l'acide sulfurique, on élève sa température d'ébullition en ajoutant du sulfate de cuivre et du sulfate de potassium; ces derniers jouant le rôle de catalyseurs. Lorsque la matière organique a été totalement oxydée, la solution contenant le sulfate d'ammonium est récupérée. Puis, on procède au dosage de l'azote ammoniacal par distillation, après l'avoir déplacé de sa combinaison par une solution de soude en excès. Par entraînement à la vapeur d'eau, il y a libération de l'ammoniaque en milieu alcalin et le dosage effectue par acidimétrie.

Mode opératoire

-Minéralisation

On Introduit dans un matras Kjeldahl de 100 ml, 2 g de terre fine, 10 ml de l'acide sulfurique H_2SO_4, 2 ml de sulfate de cuivre anhydre $CuSO_4$ et 1g de catalyseur de minéralisation, on bien homogénéise la solution. On Porte le matras sur la rampe et on lui chauffe sous une hotte aspirante jusqu'à la destruction de la matière organique. La chauffe peut durer 2 heures jusqu'à coloration vert pâle. On refroidit le matras. Puis on ajoute 25 ml d'eau distillée et on laisse refroidir à nouveau.

-Distillation

On ajoute de 10 à 30 ml de solution de NaOH à 40% et on adapte le matras à l'appareil de distillation. On dose l'ammoniac dégradé dans le bécher de 250 ml contenant environ 50 ml d'eau distillée, avec la solution de H_2SO_4 N/70, en présence de 2 à 3 gouttes d'indicateur de Tashiro. L'indicateur va passer de la couleur verte à une coloration violette (fin de titrage).

On effectue un témoin avec le catalyseur et H_2SO_4 concentré. L'attaque, la distillation (Distillateur d'azote Buchi K-350) et le dosage se font dans les mêmes conditions sur le sol. Soit «Y» le volume en ml de H_2SO_4 N/70 utiliser pour neutraliser les éventuelles traces d'azote dans les produits utilisés.

Figure II.1: Distillateur d'azote Buchi K-350

Calcule et réaction

En fonction de la prise d'essai de sol, le taux d'azote total est exprimé en **N%** de la façon suivante :

N% =(X – Y) x 0.2/ p

Avec,

X: volume de H_2SO_4 N/70 utilisé pour doser l'échantillon,

Y: volume de H_2SO_4 N/70 utilisé pour doser le témoin,

0.2: quantité de N (en g) correspondant à 1 ml de H_2SO_4 N/70,

p: prise d'essai de sol (en g).

2.6) DOSAGE DE PHOSPHORE (METHODE OLSON, 1963)

Principe

Dans la plupart des sols ferrugineux dont le pH est supérieur à 7, l'extraction est faite par une solution alcaline d'hydrogénocarbonate de sodium à pH 8,5 pendant une heure à la température de 20°C. Cette méthode de détermination du phosphore assimilable donne des résultats satisfaisant dans les sols calcaires, mais extrait très peu les phosphates de Fe et d'Al.

Mode opératoire

-Extraction

On Pèse 5 g de sol tamisé à 2 mm dans le flacon de polyéthylène de 250 ml puis on ajoute 100 ml de NaHCO3 0,5 N à pH 8.5 et 0,5 g de charbon actif. On agite le flacon sur agitateur va et vient pendant une heure à 140 t/mn et on filtre dans un erlenmyer de 100 ml.

-Dosage colorimétrique

On Prélève une partie aliquote de 5 ml de la solution d'extraction dans une fiole jaugée de 25 ml puis on ajoute 6 ml de solution sulfo-molybdique et on bien agite pour dégazer la solution. On ajoute quelques ml d'eau distillée et 1 ml d'acide ascorbique à 1% et on complète à 25 ml avec l'eau distillée. On place les fioles jaugées au bain marie à 80°C, pendant 15 minutes. On refroidit les fioles pendant 30 minutes. On colorimètre à 825 nm à l'aide du spectrophotomètre PERKIN-ELNER.

-Courbe d'étalonnage

On fait une série en prélevant dans des fioles jaugées de 25 ml 0-0.5-1.0-1.5-2.0-2.5-3.0 ml de solution de 25 ppm P_2O_5.Ce qui correspond à : 0-0.5-1.0-1.5-2.0-2.5-3.0 µg /ml de P_2O_5.

On colorimètre dans les mêmes conditions. On tracer la courbe d'étalonnage de la densité optique en fonction de la concentration en P_2O_5.

Figure II.2: les fioles avec les solutions de P_2O_5.

Figure II.3: les fioles au bain marie à 80°C.

Figure II.4: Spectrophotomètre PERKIN-ELNER.

Calculs

En fonction de la prise d'essai et des dilutions (5g/100/2/25), le taux de phosphore est exprimé en P2O5%° de la façon suivante :

% $P_2O_5 = a$ x (V_1 x 25 x 1000)/ (p x V_2 x 1 000 000)

a : teneur absolue de P_2O_5 en µg/ml sur la courbe d'étalonnage,

V_1: volume final en ml,

V_1: volume prélevé pour la colorométrie (en ml),

P: prise d'essai du sol (en g),

1000: coefficient pour rapporter le résultat à 1000g de sol,

1/1 000 000 : coefficient pour passer de µg en g.

2.7) ANALYSE GRANULOMETRIQUE (METHODE MERIAUX)
Principe

L'analyse granulométrique révèle la texture du sol conditionnée par la taille de ses éléments constitutifs qui sont les argiles, les limons fins et grossiers, les sables fins et grossiers et détermine leurs pourcentages.

La méthode la plus employée est dite méthode Meriaux ou analyse granulométrique par densimétrie. Cette méthode utilise le phénomène de la variation dans le temps, de la densité du mélange ''sol + eau''. Les échantillons de sol qui sont riches en matière organique sont préalablement traités par l'eau d'oxygène (H2O2) pour la détruire.

Mode opératoire

Dans un flacon on pèse 20 grammes du sol, on ajoute 20 ml d'hexamétaphosphate de sodium (36g/l) (dispersant énergique), puis on agite la solution au moins une heure et on laisse pendant une nuit.

On Passe à l'ultrason, pendant 5mn, pour une meilleure dispersion des colloïdes du sol. On transvase le contenu du flacon dans une éprouvette jaugée jusqu'à 1000 ml, et sur laquelle peut s'adapter un densimètre de Mérieux. On rince le flacon d'agitation et on récupère l'eau de rinçage dans l'éprouvette. On complète jusqu'à 1000 ml, dans l'éprouvette. On agite par retournement le contenu de l'éprouvette, durant une minute. On Pèse l'éprouvette et on note l'heure à laquelle a cessé l'agitation manuelle.

On introduit le densimètre dans l'éprouvette, et le maintenir au centre à l'aide d'un guide. On peut passer plusieurs échantillons à la fois. A la fin de l'opération, on verse le contenu de chaque éprouvette dans chaque capsule, puis séchage à température de 105 °C pendant une nuit.

Figure II.5: Analyses granulométrique

Mesure et calculs

Pour chaque éprouvette, effectuer des lectures de densimétrie au bout de 1', 2', 5', 10' et 17h Cette dernière c'est pour calculer le pourcentage des argiles. On note la température pour les quatre premières mesures et une autre pour la dernière mesure. On étalonne les densimètres dans l'eau distillée à 20°C.

Déterminer :

La valeur du diamètre des particules restant en suspension, à l'aide de l'abaque 1. La valeur du pourcentage des particules encore en suspension, à l'aide de l'abaque 2. Si la température n'est pas égale à 20°C, procéder à une correction en utilisant le tableau des températures.

Après séchage, on verse chaque échantillon sur les tamis de 200 microns et 50 microns, qui sont superposés. Puis on pèse (en gramme) le contenu de chaque tamis. A la fin, on calcule le pourcentage des argiles (Ø<2μ), des limons fins (2μ<Ø<20μ), limons grossiers (20μ<Ø<50μ), sables fins (50μ<Ø<200μ), sables grossiers (200μ<Ø<2000μ). En fonction du pourcentage pondérale des différents éléments, on détermine la texture du sol à l'aide du triangle de texture.

3) CARACTERISATION PHYSICO-CHIMIQU D'HUILE D'ARGAN

3.1) EXTRACTION DE L'HUILE D'ARGANE

Les échantillons de fruits de l'arganier destiné pour notre étude et provenant de différentes régions ont été concassés manuellement entre deux pierres pour libérer les amandons. A partir de ces derniers, l'huile d'argane a été extraite par pressage.

3.2) DETERMINATION DE L'ACIDITE [101]

Définition

L'acidité est la quantité d'acides gras libres exprimée en % dans une matière grasse. Elle est mesurée par rapport à l'acide oléique, palmitique ou laurique. Dans notre cas, ce paramètre est mesuré en % d'acide oléique.

Mode opératoire

L'acidité est mesurée par simple dosage acido-basique. On pèse 5g d'huile d'argane dans un erlen puis on ajoute 25 ml du mélange (éthanol/oxyde diéthylique) (v/v). L'huile d'argane est ensuite neutralisée par une solution d'hydroxyde de potassium (KOH ethanolique) de titre connu (0,1N). La phénophtaléine est utilisée comme indicateur coloré.

Calcul de l'acidité

L'acidité est mesurée par le dosage acido-basique:

n1 × V1 = n2 × V2

(V×T de KOH) mi équivalent ⟶ P (g)

Quantité d'acides gras libres ⟶ 100 g

[Q] = (V×T de KOH) × 100 g/ P   (m.eq. / 100g d'éch.)

[Q] = (V×T de KOH) × 100 g × 10-3/ P   (eq. / 100g d'éch.)

[Q] = (V×T de KOH) × 10-1/ P   (eq. / 100g d'éch.)

[Q d'acidité en % d'acide oléique] = (V×T de KOH) × 10-1 × 282/ P (eq. / 100g d'éch.)

Le résultat de l'acidité est exprimé en % d'acide oléique par la formule suivante:

Acidité % : (V × T × 282) / 10 × P

V : Volume de la tombée de burette (en cm3)

T : Le titre de la solution de KOH

P : La prise d'essai en g

282 : Poids moléculaire de l'acide oléique.

3.3) DETERMINATION DE L'INDICE DE PEROXYDE [102]

Définition

L'indice de peroxyde (Ip) d'un corps gras est le nombre de microgrammes du peroxyde actif contenu dans un gramme de produit. Il est déterminé par dosage avec une solution d'iodure de potassium.

Les corps gras peuvent s'oxyder en présence d'oxygène et de certains facteurs favorisant (UV, eau, enzyme, trace de métaux,...). Cette oxydation appelée auto-oxydation ou rancissement aldéhydique conduit dans un premier temps à la formation de peroxydes (ou hydro peroxydes) par fixation d'une mole d'oxygène sur le carbone situé en position Z (la réaction ci-dessous) par rapport à une liaison éthylénique des acides gras insaturés constitutifs des glycérides.

Mode opératoire

On pèse 2 g de l'huile d'argan dans un ballon de 500 ml puis on ajoute 10 ml d'isooctane, 15 ml d'acide acétique et 1 ml de solution aqueuse d'iodure de potassium saturée (15g d'iodure de potassium dans 10ml d'eau distillée). On bouche aussitôt le ballon et on l'agite pendant 1 min. On laisse le ballon pendant 5 min à l'abri de la lumière.

On ajoute ensuite 50 ml d'eau distillée. On titre, en agitant vigoureusement et en présence d'empois d'amidon comme indicateur coloré, l'iode libéré est dosé avec la solution de thiosulfate de sodium 0.01N.

---CH2 - CH = CH-CH2-- + O2 ⟶ ---CH2 - CH =CH-C-O-OH

---CH2 - CH = CH-CH2-- + O2 ⟶ ---CH2 - CH --CH-CH2
$$\qquad\qquad\qquad\qquad\qquad\qquad\qquad\qquad\qquad O—O$$

Calcul de l'indice de peroxyde

L'indice de peroxyde (Ip) est exprimé en milliéquivalent d'oxygène par Kg d'huile

Ip : (méq d'O2 / Kg) = (V × 1000 × T) / P

V : Volume versé de thiosulfate de sodium (en cm3)

P : Prise d'essai de l'échantillon d'huile à analyser en g

T : Le titre de la solution de thiosulfate de sodium

3.4) DETERMINATION DE L'ABSORBANCE DANS L'ULTRA-VIOLET [103]

Définition

Les diènes conjugués possèdent une forte bande d'absorption dans l'ultra violet au voisinage de 232 nm. Les triènes conjugués possèdent une bande triple au voisinage de 270 nm. Les produits d'oxydation des acides gras insaturés, lorsqu'ils ont une structure diénique conjuguée (par exemple, l'hydroperoxde linoléique) absorbent au voisinage de 232 nm. Les produits secondaires d'oxydation absorbant au voisinage de 270 nm.

Par conséquent, la détermination de l'absorbance au voisinage de 232 nm ou au voisinage de 270 nm permet la détection et l'évaluation des produits d'oxydation conjuguées et dans certains cas, le dosage des acides gras polyéniques.

Mode opératoire

On introduit 0.25g d'huile d'argan dans une fiole jaugée de 25ml, puis on ajoute le cyclohexane jusqu'au trait de jauge. La détermination de l'absorbance dans l'ultra-violet est analysée selon la méthode NM ISO 3656. Le spectrophotomètre UV-Visible est de marque (CARY) VARIAN . La solution de référence est le cyclohexane.

5) METHODE D'ADSORPTION ATOMIQUE

Le spectromètre de masse atomique à source plasma est un instrument largement utilisé en géochimie. Bien qu'il ne soit présent que depuis une dizaine d'années dans les laboratoires, il est devenu l'instrument incontournable pour l'analyse des éléments en trace et "ultra-traces" dans les roches, l'eau, les sols, les plantes, l'huile, ainsi que la plupart des matériaux, depuis la matière organique jusqu'aux composants électroniques. Son nom usuel ("ICP-AES") est dérivé des initiales de l'appellation anglaise "Inductively Coupled Plasma - Atomic Emission Spectroscopy".

Principe

La spectrométrie d'émission atomique par couplage en plasma induit (ICP-AES) constitue un des outils privilégiés pour le dosage d'éléments en échantillon. Les éléments susceptibles d'être dosés par ICP-AES sont très nombreux (éléments métalliques et quelques éléments non métalliques). Le principe de la spectrométrie d'émission par couplage en plasma induit est basé sur la formation d'un plasma dans un flux de gaz rare. Ce plasma est formé à partir d'une décharge électrique créée dans un flux d'argon gazeux. L'argon circule dans une série de tubes de quartz concentriques (torche), entourés par une spire (bobine d'induction). Le passage d'un courant alternatif dans la bobine d'induction produit un champ électromagnétique qui engendre des courants induits. La torche étant alimentée en argon, ces courants produisent une étincelle. Cette étincelle permet l'excitation de l'argon gazeux. Les électrons sont alors accélérés par le champ électromagnétique. Il en résulte une collision entre les atomes d'argon et la production d'un grand nombre d'électrons et d'ions argon, eux-mêmes accélérés. Ce processus se poursuit jusqu'à ce qu'une partie du gaz soit ionisé. On obtient alors un plasma à une température de 7000 à 8000 K.

L'échantillon liquide est nébulisé puis transmis vers le plasma. Il subit différentes étapes (décomposition, atomisation et ionisation) qui conduisent à une excitation des atomes et des ions. Après cette excitation, les atomes contenus dans l'échantillon émettent de la lumière avec une longueur d'onde qui leur est caractéristique. Cette lumière est transmise par l'intermédiaire du système optique (réseau + prisme) vers un détecteur qui permet le dosage.

Appareillage et conditions expérimentales

Un spectromètre d'émission atomique est constitué d'un système d'introduction de l'échantillon (nébuliseur et chambre de nébulisation), d'une torche à plasma induit et de ses arrivées de gaz associées, d'un générateur de radiofréquences, d'un spectromètre optique, de détecteurs et d'un contrôle informatisé du stockage des données et de leur analyse. Cette technique nous a permis de doser les éléments métalliques (chrome, cadmium, manganèse, fer, phosphore, aluminium, potassium, calcium, magnésium, plomb, zinc et cuivre) restés en solution après adsorption par comparaison à des solutions étalons. Ils ont été dosés avec un appareil Ultima 2 Jobin Yvon. Les conditions de fonctionnement ont été fixés comme suit: 1.15 à 1.2 kW de puissance; du flux de gaz plasma de 12 à 14 l / min; courant de gaz auxiliaire 1,5 l / min; flux de gaz nébuliseur 0,2 l / min. Les longueurs d'onde utilisées pour chacun des métaux de transition sont celles qui offrent la meilleure sensibilité étant donnée leur faible concentration : 205.560 nm pour le chrome, 214,440 nm pour le cadmium, 279.077 nm pour le manganèse, 238.204 nm pour le fer, 308,215 pour l'aluminium, 766,490 pour le potassium, 317,933 pour le calcium, 279,077 pour le magnésium, 220,353 pour le plomb, 213,857 pour le zinc et 324,752 nm pour le cuivre.

Figure II.6: Appareil d'adsorption atomique

Prélèvements des échantillons

Les prélèvements nécessaires à cette étude ont été effectués comme suivants:

- Trois parties (sol, bois, feuilles), répartis sur petits arbres d'arganier et à des périodes différentes (avril 2008, octobre 2008, juin 2009). Les échantillons d'arganier sont été récoltés chaque six mois, à raison de trois échantillons par arbres.

- Cinq parties (sol, bois, feuilles, amandes, huiles), répartis sur adulte arbres d'arganier et à période (juillet 2009). Les échantillons d'arganier sont été récoltés à raison de cinq échantillons par arbres.

- Deux types d'huile d'argan (cosmétique, alimentaire) ont été extraite des noyaux, les fruits ont été recueillis en différentes périodes (septembre 2009, septembre 2010, septembre 2011) dans quatre endroits de la forêt d'arganier (Essaouira,

Taroudant, Agadir, Ait Baha). Pour chaque récolte, les fruits ont été séchés, pelé, les noyaux d'argan ont été collectées et traitées manuellement pour fournir l'huile d'argan après pressage mécanique tel que décrit précédemment [94].

Préparations des échantillons

- Le sol d'arganier a été séché à l'étuve pendant 24 heures puis broyé à l'état de poudre fine.
- Les échantillons d'arganier (bois, feuilles, amandes,) ont été lavés à l'eau distillée, séchés à l'étuve pendant 48 heures puis broyés et incinérés avant d'être analysées [70].
- Pour réaliser l'analyse élémentaire, les échantillons d'huile d'argan ont été dissous en four à haute la pression et la température.

Mode opératoire

- Sol forestier et des parties de l'arganier

On pèse environ précisément 2g de la matière végétale séché dans un flacon en téflon Savillex 30 ml puis on ajoute 15ml d'acide nitrique concentré 65%, on sait que la réaction peut être assez moussante sur des échantillons contenant des carbonates ou des sulfures. On laisse les flacons ouverts et les porte à sec sur la plaque chauffante à env. 100 - 110°C. On ajoute 5 ml d'acide fluoridique 40%, on ferme les flacons et on les laisse 4 heures (au minimum, plus de préférence, on peut même les laisser deux à trois jours) sur la plaque chauffante à env. 120 °C.

On Retire le couvercle et on ajoute 1 ml de peroxyde d'hydrogène à la solution encore chaude. On attende jusqu'à ce que la réaction a cessé (environ 10 secondes) et de garder sur le chauffage. On répète l'addition de peroxyde d'hydrogène deux fois, Puis on ajoute 10ml d'acide nitrique, on remette le couvercle et on continue à chauffer pendant 4 heures. Par la suite, on retire le couvercle, on règle la commande de chauffage à 140 °C et on laisse évaporer à sec.

157

On reprend le résidu dans 20 ml d'acide nitrique dilué, on abaisse la température du bloc et de la chaleur pendant 5-10 min, en prenant soin que la solution ne démarre pas bouillante. On le Laisse refroidir puis transférer quantitativement-à l'aide d'une dans une fiole de 100m, on le filtre sur papier filtre ci nécessaire.

-L'huile d'argan

Pour dissoudre l'échantillon d'huile pour l'analyse élémentaire, la digestion a été réalisée comme suit : 4ml d'HNO3 à 69.5% et 2 ml de peroxyde d'hydrogène à 30% sont ajoutés à 0.25 g d'huile, les flacons sont fermés et placés dans un déminéraliseur « DigiPrep-MS » de marque SCP Science à une température de 140°C pendant 4h.aprés digestion, les échantillons ont été refroidis à température ambiante pendant 5 h, les culots ont été repris avec HNO3 à 1% et portée à un volume finale de 25 ml avec H2O distillé.

Les déterminations quantitatives ont analysés par la spectrométrie d'émission atomique ICP-AES.

6) ANALYSE STATISTIQUE

Les résultats obtenus sont traités par suivant :

- AFM (analysis factorial muliple) : La AFM [70] est une méthode factorielle adaptée au traitement de tableaux dans lesquels un ensemble d'individus est décrit par plusieurs groupes de variables. La AFM permet de réaliser une analyse conjointe de tableaux individus x groupes de variables. Elle consiste à trouver des facteurs communs aux groupes et comparer les individus vus par chacun des groupes. Les données sont normalisées dans l'analyse. La AFM permet de calculer la décomposition de l'inertie de chaque composante principale selon chaque groupe.
- Coefficient RV: Le coefficient RV [72] est un critère qui mesure la corrélation entre plusieurs tableaux.
- ACP (composante principale normée): Cette méthode permet de donner des informations sur le regroupement des paramètres physico-chimiques effectuées au

158

cours de notre étude et de chercher les corrélations entre les différents paramètres physico-chimiques influençant la croissance de l'arganier

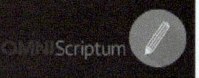

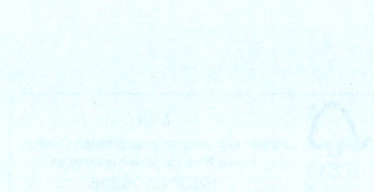